Yara Tarabay

Avaliação do estado nutricional dos refugiados sírios no Líbano

Yara Tarabay

Avaliação do estado nutricional dos refugiados sírios no Líbano

ScienciaScripts

Imprint

Cover image: www.ingimage.com

This book is a translation from the original published under ISBN 978-3-659-86879-5.

Publisher:
Sciencia Scripts
is a trademark of
Dodo Books Indian Ocean Ltd. and OmniScriptum S.R.L publishing group

120 High Road, East Finchley, London, N2 9ED, United Kingdom
Str. Armeneasca 28/1, office 1, Chisinau MD-2012, Republic of Moldova, Europe
Managing Directors: Ieva Konstantinova, Victoria Ursu
info@omniscriptum.com

Printed at: see last page
ISBN: 978-620-8-51035-0

Resumo

A insegurança alimentar é um desafio para os refugiados sírios no Líbano devido ao esgotamento das suas poupanças e bens. Assim, o objetivo deste projeto era avaliar o estado nutricional dos refugiados sírios que vivem no Líbano, especialmente os grupos vulneráveis, como as crianças, as mulheres grávidas e lactantes, e identificar alguns dos factores susceptíveis de prejudicar o seu estado nutricional e, por conseguinte, fazer recomendações aos profissionais e aos decisores políticos para uma gestão nutricional eficaz. Para efeitos desta investigação, foram utilizadas apenas fontes secundárias para a recolha de dados.

Os resultados da investigação indicaram que a prevalência da subnutrição aguda e crónica, bem como da anemia entre as crianças sírias refugiadas, se situava dentro de níveis aceitáveis com base na classificação da OMS. Além disso, 5% de todas as mulheres refugiadas sírias estavam subnutridas, das quais 1% estavam gravemente subnutridas. No entanto, a prevalência da anemia entre o mesmo grupo estava dentro de níveis aceitáveis. Além disso, a maioria dos refugiados sírios no Líbano dependia do emprego como principal fonte de subsistência, seguido de cupões alimentares do PAM, empréstimos e dinheiro. No entanto, apesar da assistência alimentar do PAM aos refugiados registados e da disponibilidade de alimentos no mercado local, o elevado custo dos alimentos revelou-se um grande obstáculo ao acesso dos agregados familiares sírios aos alimentos. Além disso, o acesso dos refugiados sírios à alimentação foi dificultado pela falta de dinheiro e pelo desemprego, e 27% de todas as famílias sírias no Líbano foram consideradas em situação de insegurança alimentar, devido ao consumo de alimentos de baixo valor nutritivo. Para além disso, o estatuto legal limitado dos refugiados sírios no Líbano, a sua situação de abrigo informal, as estratégias negativas de sobrevivência alimentar, as más práticas de higiene, a água inadequada em qualidade e quantidade e as práticas incorrectas de alimentação infantil eram susceptíveis de comprometer o seu estado nutricional.

Assim, foram consideradas necessárias algumas recomendações, tais como a aceitação do registo do ACNUR como documentação alternativa, a facilitação do acesso a actividades geradoras de rendimentos, o fornecimento de alimentos complementares fortificados às crianças, o fornecimento de alimentos fortificados com ferro, o aumento da sensibilização para práticas adequadas de amamentação e alimentação complementar, a intensificação de actividades que promovam o saneamento e a higiene, entre outras.

ÍNDICE DE CONTEÚDOS

Lista de acrónimos

BMI	Body Mass Index
CVDs	Cardiovascular Diseases
FAO	Food and Agriculture Organisation
GAM	Global Acute Malnutrition
Hb	Haemoglobin
HIV	Human Immunodeficiency Virus
IDA	Iron Deficiency Anaemia
IDPs	Internally Displaced Persons
IOCC	International Orthodox Christian Charities
IRC	International Red Crescent
IYCF	Infant and Young Child Feeding
MDGs	Millennium Development Goals
MoPH	Ministry of Public Health
MoU	Memorandum of Understanding
MUAC	Mid-Upper Arm Circumference
NCDs	Non-Communicable Diseases
NGOs	Non-Governmental Organisations
NIDDM	Non-Insulin-Dependent Diabetes Mellitus
NRC	Norwegian Refugee Council
SAM	Severe Acute Malnutrition
UN	United Nations
UNHCR	United Nations High Commissioner for Refugees
UNICEF	United Nations Children's Fund
VASyR	Vulnerability Assessment of Syrian Refugees
WASH	Water Sanitation and Hygiene
WFP	World Food Programme
WHO	World Health Organisation

Agradecimentos

Gostaria de aproveitar esta oportunidade para expressar a minha profunda gratidão à minha orientadora, a Dra. Marion MacLellan, pela sua orientação, paciência e apoio durante todo o projeto de investigação. Gostaria também de agradecer aos meus pais pelo seu constante encorajamento e apoio, e aos meus colegas de turma por partilharem esta maravilhosa experiência.

1.0 INTRODUÇÃO

1.1 VISÃO GERAL

Como resultado da crise síria, milhões de cidadãos sírios fugiram do seu país desde 2011 para residir nos países vizinhos, principalmente no Líbano, Jordânia, Turquia e Iraque (Bilukha et al. 2014), em campos de refugiados e comunidades de acolhimento destes países (Bird 2014). O Líbano foi, de facto, o país mais afetado devido à sua frágil estrutura política e ao facto de os seus vários grupos locais estarem diretamente envolvidos nos acontecimentos na Síria. A partir de 6 de maio de 2015, o número de refugiados sírios registados no Líbano atingiu 1.172.753 indivíduos (ACNUR 2015b), representando a maior concentração per capita de refugiados em comparação com a sua população no mundo (PAM 2015b). No entanto, algumas autoridades libanesas e ONG afirmam que o número de refugiados sírios no Líbano ascende a um total de 1 700 000, o que é muito superior ao declarado pelo ACNUR, devido a um elevado número de sírios que entraram no Líbano por meios ilegais (Orhan 2014).

As comunidades locais correm um risco acrescido de verem ameaçados os seus meios de subsistência, como a alimentação, os serviços de saúde, a educação e o emprego, devido a este afluxo maciço de refugiados. Esta situação, por sua vez, irá pôr em causa a estabilidade do Líbano em geral e das comunidades de acolhimento em particular. Algumas regiões do Líbano registaram uma proporção mais elevada de refugiados sírios do que outras, com Bekaa e o Norte do Líbano a representarem 34% e 28% dos refugiados, respetivamente, seguidas das províncias de Beirute e do Monte Líbano, ambas com 26%, e da província do Sul, com 12% (figura 1.1). Além disso, a maioria dos refugiados sírios tem menos de 18 anos, nomeadamente mulheres e crianças, uma vez que os homens não puderam deixar a Síria, quer para se juntarem às forças de combate, quer para protegerem os seus negócios. Esta falta de homens adultos irá agravar ainda mais a vulnerabilidade das mulheres e das crianças que estão sujeitas a ambientes inseguros, incluindo a violência sexual, o trabalho e o casamento infantis e as actividades ilegais (Gabinete Regional da Organização Internacional do Trabalho para os Estados Árabes, 2013).

Quase todos os refugiados sírios são social e economicamente vulneráveis, com uma miríade de necessidades e a maior parte das suas despesas é gasta em alojamento, muitas vezes em condições precárias (Nações Unidas 2013a). Os serviços de cuidados de saúde primários são prestados gratuitamente aos refugiados sírios pelo MoPH e pelos dispensários públicos do Ministério dos Assuntos Sociais, para além de outros serviços de saúde prestados por ONG locais e internacionais. No entanto, estes serviços excedem a capacidade do sistema de saúde libanês devido ao aumento crescente da procura. Além disso, o Ministério da Saúde e a UNICEF estão a organizar campanhas de vacinação para crianças contra várias doenças, como a poliomielite e o sarampo, e as vacinas também podem ser obtidas nas unidades nacionais de cuidados de saúde primários. A UNICEF e o ACNUR também disponibilizam unidades médicas móveis nas comunidades de acolhimento. No entanto, estes serviços estão limitados apenas aos refugiados registados, o que deixa os não registados em maior risco de deterioração do seu estado de saúde. A maioria dos refugiados sírios não tem, de facto, capacidade para suportar os custos dos cuidados de saúde, como a hospitalização (Gabinete Regional da Organização Internacional do Trabalho para os Estados Árabes, 2013).

A insegurança alimentar continua a ser um desafio para os refugiados sírios no Líbano, dada a exaustão das suas poupanças e bens, uma vez que mais de 50% dos refugiados vivem abaixo do limiar de pobreza de 3,84 USD (2,46 £ à taxa de câmbio atual) por dia (Clark e Guterres 2015). De facto, a maioria dos agregados familiares de refugiados recorre a estratégias severas para fazer face à falta de alimentos ou de dinheiro para os comprar, o que conduz frequentemente a um consumo deficiente de alimentos de diferentes grupos alimentares, e a maioria deles depende de vales de alimentação do PAM e de outras fontes externas de dinheiro ou empréstimos (Romero 2015). Embora os refugiados sírios no Líbano estejam a receber vales de alimentação e assistência em dinheiro, o seu estado nutricional pode estar comprometido devido à presença de vários factores agravantes, como o afluxo cada vez maior de refugiados ao país, o aumento dos preços dos alimentos e o risco de insegurança alimentar. A UNICEF revelou sérias preocupações sobre a desnutrição entre os refugiados sírios no Líbano, especialmente as crianças, que correm um risco maior de morrer de desnutrição se não forem imediatamente tratadas. De acordo com a representante da UNICEF Anna Maria Laurini, a desnutrição é considerada uma nova ameaça silenciosa para os refugiados sírios no Líbano, associada a práticas alimentares incorrectas entre as crianças, falta de imunização, falta de higiene, insegurança hídrica e outras doenças. Por exemplo, a prevalência de desnutrição aguda em Bekaa e no Norte do Líbano aumentou no ano de 2013, em comparação com 2012, para além de milhares de crianças com menos de 5 anos que estão altamente sujeitas à morte na região de Bekaa (UNICEF 2014). No entanto, foram realizados poucos estudos até agora no Líbano sobre a atual insegurança alimentar entre os refugiados sírios, apesar de a crise síria ter entrado no seu quarto ano sem fim à vista, pelo que a realização deste estudo foi importante para melhor construir uma imagem dos refugiados nesta região.

O capítulo dois deste projeto de investigação começará com uma revisão da literatura gerada por outros investigadores e académicos sobre a segurança alimentar e a subnutrição dos refugiados, bem como sobre a importância de uma boa nutrição para uma saúde óptima. O terceiro capítulo apresentará os diferentes métodos de investigação que podem ser utilizados, a lógica subjacente a cada um deles e as suas limitações, a metodologia utilizada neste projeto e as estratégias utilizadas para a recolha e análise de dados. O capítulo quatro apresenta e discute as principais conclusões da análise dos dados secundários. Isto permitirá o desenvolvimento de recomendações para os profissionais e decisores políticos para uma melhor gestão nutricional e segurança alimentar a longo prazo dos refugiados sírios no capítulo cinco.

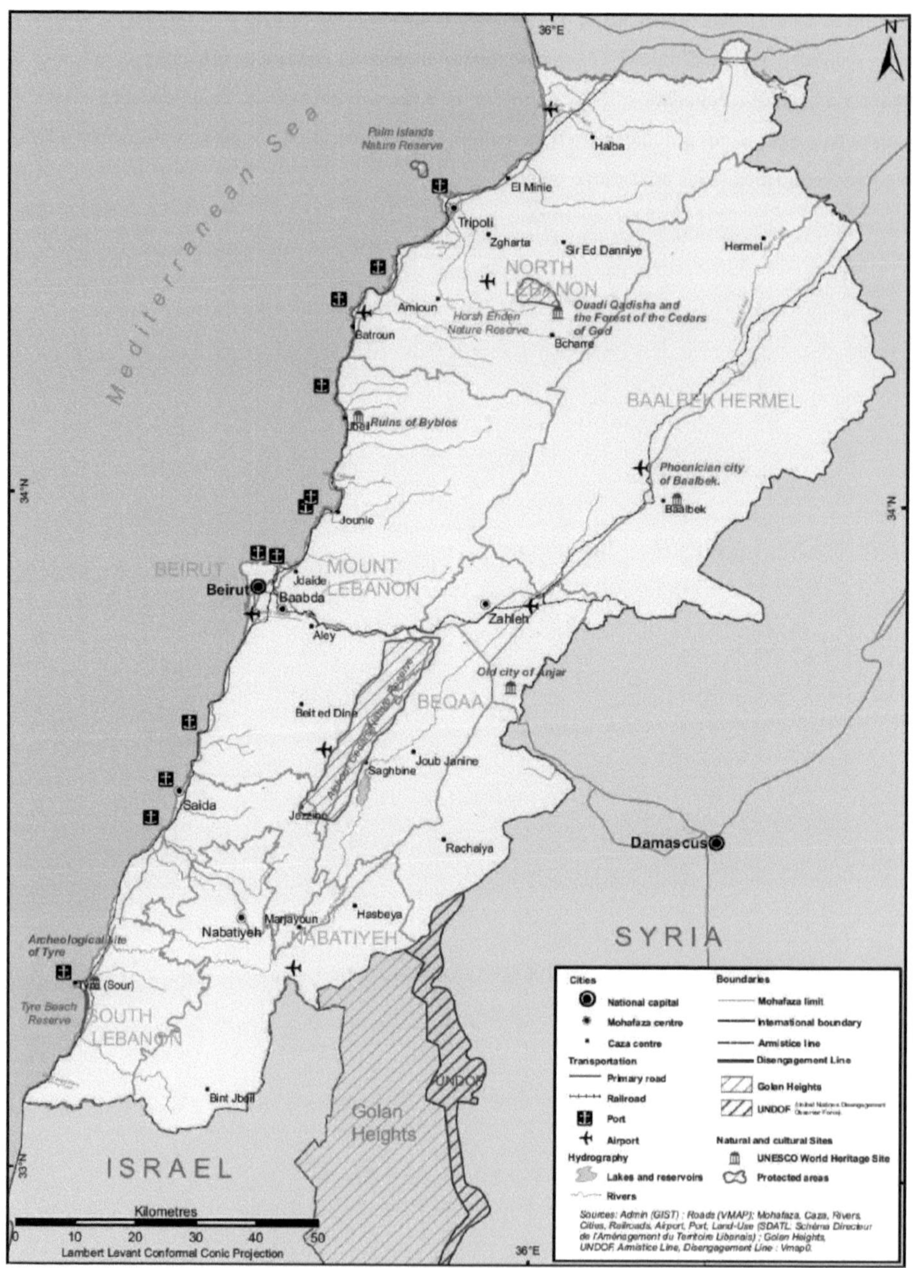

Figura 1.1 Mapa do Líbano (PNUA 2007)

1.2 OBJECTIVOS E METAS

1.2.1 Objetivo

O objetivo deste projeto de investigação é examinar criticamente o estado nutricional dos refugiados sírios que vivem no Líbano, especialmente os grupos vulneráveis como as crianças, as mulheres grávidas e lactantes, e, por conseguinte, fazer recomendações aos profissionais e aos decisores políticos para uma gestão nutricional eficaz.

1.2.2 Objectivos

1. Estimar a prevalência da desnutrição aguda e crónica (emaciação e atraso de crescimento), bem como da anemia entre as crianças sírias refugiadas no Líbano.
2. Estimar a prevalência da subnutrição e da anemia entre as mulheres sírias refugiadas em idade reprodutiva.
3. Analisar as fontes de alimentação e os rendimentos dos agregados familiares, bem como a situação de segurança alimentar dos refugiados.
4. Investigar os factores subjacentes susceptíveis de afetar o bem-estar nutricional dos refugiados.
5. Propor intervenções e recomendações aos profissionais e aos decisores políticos em consonância com as estratégias anteriores para uma melhor gestão nutricional dos refugiados.

1.3 CONCLUSÃO

Este capítulo deu uma visão sobre o contexto dos refugiados sírios no Líbano e definiu a lacuna de conhecimento, o objetivo e os objectivos deste projeto de investigação. O capítulo seguinte analisará a literatura produzida por outros investigadores e académicos sobre o enquadramento legal, a segurança alimentar e a subnutrição dos refugiados.

2.0 REVISÃO DA LITERATURA

2.1 INTRODUÇÃO

Este capítulo tem como objetivo analisar a literatura sobre o enquadramento legal dos refugiados, a segurança alimentar e a subnutrição que foi produzida por outros investigadores e académicos. O objetivo desta revisão é discutir e dar a conhecer as questões e os desafios relacionados com o estado nutricional dos refugiados e a importância de uma boa nutrição para uma saúde óptima.

2.2 PROTECÇÃO DOS REFUGIADOS: QUADRO JURÍDICO

Milhões de pessoas fugiram dos seus países de origem após o fim da Primeira Guerra Mundial (1914-1918), em busca de refúgio (Spiegel e Ginger 2014). Em resposta a esta situação, os governos elaboraram um conjunto de acordos internacionais com o objetivo de fornecer documentos de viagem a estas pessoas, que foram consideradas os primeiros refugiados do século XX (Guterres 2011). Após a Segunda Guerra Mundial (19391945), este número aumentou significativamente em resultado da deslocação forçada, deportação e/ou reinstalação (UNRWA 2006).

Ao longo do século XX' foi progressivamente reunido um conjunto de orientações, convenções e leis para garantir um tratamento justo dos refugiados e a proteção dos seus direitos humanos. Esta iniciativa teve início em 1921, no âmbito da organização intergovernamental Liga das Nações. Em 1951, realizou-se em Genebra uma conferência diplomática que conduziu à adoção da "Convenção de 1951" relativa ao Estatuto dos Refugiados. Esta convenção foi posteriormente alterada pelo Protocolo de 1967. Estes documentos estabelecem claramente a definição de refugiado e o seu direito aos direitos sociais, à proteção jurídica e a outros tipos de assistência. Além disso, a convenção estabelece as obrigações dos refugiados em relação aos países de acolhimento e a outras pessoas, como os criminosos de guerra. A Convenção de 1951 limitava-se inicialmente à proteção dos refugiados europeus após a Segunda Guerra Mundial, mas foi depois alargada pelo Protocolo de 1967 em consequência do problema das deslocações a nível mundial (Guterres 2011) .

Além disso, instrumentos regionais essenciais foram inspirados posteriormente, como a Organização da Unidade Africana de 1969, a Declaração de Cartagena de 1984 na América Latina e o sistema de asilo unificado na União Europeia (Jastram e Achiron 2001). Recentemente, os fundamentos da proteção dos refugiados são a Convenção de 1951 e o Protocolo de 1967, cujas disposições continuam a ser relevantes (ACNUR 2005).

A proteção dos refugiados é vital na medida em que os direitos fundamentais dos cidadãos de um país devem ser protegidos pelos Estados. Se, por qualquer razão, os Estados não o fizerem ou desistirem de o fazer, ocorrem graves violações dos direitos humanos, levando os cidadãos a fugir do seu país de origem para encontrar refúgio noutro. Assim, uma vez que os refugiados estão fora da proteção do seu próprio governo, o país de acolhimento deve garantir a sua segurança e proteção (Jastram e Achiron 2001).

A Convenção de 1951 define um refugiado como uma pessoa que se encontra fora do seu país de origem ou de residência habitual, que receia profundamente ser perseguida devido à sua nacionalidade, religião, raça ou filiação num determinado partido social ou político e que não pode ou não quer regressar a esse país por receio de perseguição. Quem se enquadra nesta definição beneficia dos direitos e está sujeito aos deveres da Convenção de 1951 (Goodwin-Gill e McAdam 2007). A convenção inclui um vasto número de direitos e sublinha igualmente as obrigações dos refugiados para com o país de acolhimento. O princípio de non-Refoulement, presente no artigo 33º, constitui a pedra angular da Convenção de 1951. De facto, um refugiado não pode ser devolvido ao seu país de origem se estiver ameaçado de morte ou de falta de liberdade (Goodwin-Gill e McAdam 2007). No entanto, esta proteção não se aplica aos refugiados que são razoavelmente considerados como um perigo para a segurança do país ou que foram acusados de um crime. Além disso, à medida que o refugiado permanece mais tempo num país, passa a ter mais direitos, uma vez que quanto mais tempo continua a ser refugiado, mais direitos necessita (Guterres 2011).

2.3 IMPORTÂNCIA DOS CAMPOS DE REFUGIADOS

No primeiro capítulo dos estatutos do ACNUR, afirma-se que o papel essencial da organização é proporcionar proteção internacional aos refugiados (ACNUR 1996). No entanto, não especifica como é possível alcançar esta proteção, devido a algumas questões geopolíticas. De facto, a maioria dos países assinou a Convenção de 1951 e o Protocolo de 1967, mas os mais ricos escaparam às obrigações legais para com os refugiados, o que tornou necessário o estabelecimento de campos de refugiados pelo ACNUR e pelas comunidades de acolhimento, apesar de os campos de refugiados não serem mencionados em nenhum dos dois mandatos (Hyndman 2011). O objetivo dos campos de refugiados é proteger os refugiados através da satisfação das suas necessidades básicas, como alimentação, água, vestuário e assistência médica, normalmente designadas por "cuidados e manutenção" até se encontrar uma solução a longo prazo (Dick 2003).

As organizações de ajuda humanitária podem, por vezes, ter como única solução a criação de campos de refugiados, mesmo que tal esteja fora do seu mandato, como é o caso do ACNUR. Por exemplo, alguns países de asilo adoptaram campos de refugiados, como forma de pressionar outros países que fugiram às suas responsabilidades para com os refugiados, entregando-as a organizações como o ACNUR, para que implementem uma solução sustentável. Esta injustiça na fuga ao fardo dos refugiados levou, infelizmente, a que milhões de refugiados permanecessem em campos durante muito tempo (Deardorff 2009).

2.4 TENDÊNCIAS E DESAFIOS PARA OS REFUGIADOS

De acordo com o relatório do ACNUR sobre as tendências globais, 51,2 milhões de pessoas fugiram dos seus países de origem por receio de conflitos generalizados, violação dos direitos humanos e perseguição. Destes números, quase um terço eram refugiados, um quarto estavam sob a obrigação do ACNUR e um décimo eram palestinianos sob a obrigação da UNRWA. Quanto aos deslocados internos nos seus países de origem, estes representam 33,3 milhões e os requerentes de asilo 1,2 milhões. O relatório também salientou que, em 2013, quase 10,7 milhões de pessoas foram recentemente deslocadas devido a conflitos e receio de perseguição, a um ritmo de 32 000 pessoas por dia, em comparação com 23 400 e 14 600 pessoas em 2012 e 2011, respetivamente (ACNUR 2013a).

Apesar deste número alarmantemente elevado, a agenda política internacional continua a ter a situação dos refugiados prolongados e outras questões de segurança como notas proeminentes na sua agenda. Este facto tem deixado as agências humanitárias sozinhas a lidar com o número cada vez maior de refugiados, tentando atenuar os efeitos negativos do exílio prolongado. Este facto, por sua vez, tem dificultado soluções sustentáveis para os refugiados prolongados (Loescher et al. 2008). No entanto, a falta de financiamento tem sido sempre um desafio para as organizações humanitárias, impedindo a sua capacidade de prestar serviços de qualidade aos refugiados, para além do encerramento dos regimes e da facilidade dos bloqueios, que muitas vezes levam a que se negligenciem as responsabilidades do governo para com os refugiados e exigem novas políticas (Nações Unidas 2009).

2.5 O MÉDIO ORIENTE

Atualmente, as tensões e os conflitos políticos afectam o Médio Oriente, constituindo um indicador geopolítico da deslocação maciça de pessoas na região (Kamel Dorai 2014). As emergências complexas sempre existiram no Médio Oriente, especialmente em 15 dos 22 países árabes, que, por sua vez, constituem 85% de todos os que sofrem de situações prolongadas de conflito na região (Musani e Shaikh 2008).

A deslocação a longo prazo de refugiados palestinianos resultou deste conflito histórico, bem como de refugiados somalis e sudaneses em resultado de conflitos internos e de refugiados iraquianos em resultado da invasão militar dos EUA e de conflitos civis (Mowafi 2011). Analisando geograficamente os campos de refugiados do Médio Oriente, estes últimos são considerados urbanos e estão localizados em zonas informais pobres (Kamel Dorai 2014). Além disso, a primavera Árabe e o despertar árabe contribuíram para a deslocação maciça de refugiados no Médio

Oriente e no Norte de África, aumentando os desafios enfrentados pelas organizações de ajuda humanitária (Feuilherade 2012) .

De acordo com o ACNUR, a Síria é considerada a maior tragédia deste século em termos de deslocação de refugiados (ACNUR 2013b), por quatro anos consecutivos. Os refugiados sírios estão espalhados por todos os países vizinhos, sendo a maior concentração na Turquia (1,7 milhões), seguida do Líbano (1,1 milhões) e da Jordânia (626 357) (Figura 2.1). Um pequeno número de refugiados vive em campos de refugiados formais, enquanto mais de metade reside em comunidades de acolhimento. Estas últimas debatem-se constantemente com a dificuldade de encontrar abrigos satisfatórios e assistência básica, como a saúde e a educação. Além disso, as comunidades de acolhimento impõem algumas restrições aos refugiados que muitas vezes dificultam a sua capacidade de obter e/ou renovar autorizações de residência (Conselho Norueguês para os Refugiados 2014a).

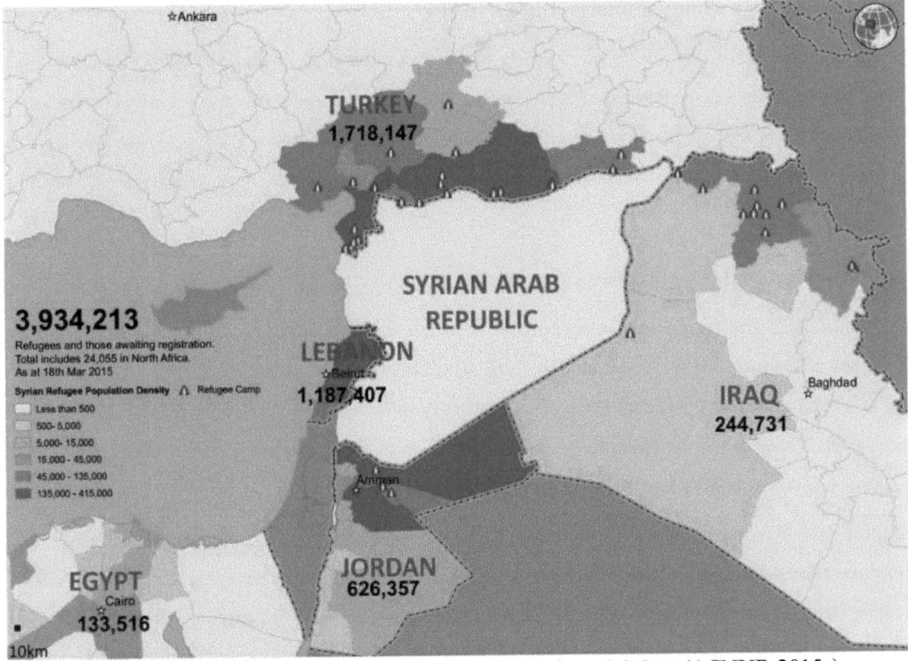

Figura 2.1 Refugiados sírios espalhados pelos países vizinhos (ACNUR 2015a)

2.6 SEGURANÇA ALIMENTAR

De acordo com a FAO, a segurança alimentar é "uma situação que existe quando todas as pessoas, em todos os momentos, têm acesso físico, social e económico a alimentos suficientes, seguros e nutritivos que satisfazem as suas necessidades dietéticas e preferências alimentares para uma vida ativa e saudável" (FAO 2003).

Os instrumentos jurídicos internacionais reconhecem o direito a uma alimentação adequada. Estes incluem convenções vinculativas e não vinculativas (Cotula e Vidar 2002). Por exemplo, a Convenção sobre os Direitos da Criança de 1989, entre outras, declara claramente que é da responsabilidade dos Estados satisfazer o direito à alimentação dos cidadãos, através do fornecimento de alimentos adequados e nutritivos. De facto, em primeiro lugar, é da responsabilidade dos indivíduos alimentarem-se a si próprios, mas os Estados também têm a obrigação de garantir os seus direitos (OHCHR 1990). O direito humano à alimentação é partilhado entre refugiados e não refugiados. Nas estratégias de guerra, a destruição intencional de meios de subsistência, como o gado e as colheitas, e a fome, constituem violações do direito internacional (Comité Internacional da Cruz Vermelha, s.d.). A pobreza aumenta a vulnerabilidade das pessoas marginalizadas à insegurança alimentar. Nos casos em que os indivíduos não conseguem alimentar-se a si próprios, é da responsabilidade do Estado tomar medidas proactivas, fornecendo apoio económico ou ajuda alimentar direta (OHCHR 1990).

Os 189 Estados membros dos Objectivos de Desenvolvimento do Milénio de 2000 da ONU estão todos empenhados em reduzir o abuso dos direitos humanos e a privação a nível mundial. A insegurança económica e alimentar conduz frequentemente à pobreza e à fome, o que, por sua vez, aumenta a vulnerabilidade das pessoas às emergências alimentares e nutricionais (Gospodinov 2008).

2.6.1 Deslocação da população e subnutrição

A subnutrição é um termo que normalmente se refere tanto à subnutrição como à sobrenutrição (Blossner e de Onis 2005). A subnutrição está normalmente relacionada com uma dieta pobre que não fornece calorias e proteínas adequadas para o crescimento, ou com uma doença que faz com que a pessoa não utilize totalmente os nutrientes que a sua dieta fornece. Além disso, o consumo excessivo de calorias leva à sobrenutrição (UNICEF 2006).

Os refugiados e os deslocados internos estão muito sujeitos à subnutrição devido à sua falta de bens, como terras, à sua incapacidade de cultivar ou produzir alimentos nas zonas de acolhimento e à sua incapacidade de encontrar meios de subsistência nas zonas urbanas (Gospodinov 2008). Sob a égide das Nações Unidas, o mandato específico do ACNUR consiste em prestar assistência humanitária aos refugiados (Nações Unidas 1999).

No entanto, a deslocação da população é ainda mais incentivada pela assistência humanitária e pela distribuição de ajuda alimentar, o que conduz frequentemente a grandes aglomerados de refugiados densamente povoados. A partir daqui, surge um risco acrescido de epidemias em comparação com campos mais pequenos, juntamente com elevados níveis de mortalidade. Além disso, a segurança alimentar da comunidade de acolhimento deve ser considerada sempre que as pessoas são deslocadas (Gospodinov 2008).

2.6.2 Desnutrição aguda e crónica

A subnutrição afecta sobretudo as crianças com menos de cinco anos, pois este período é crítico para o seu rápido crescimento e desenvolvimento. A subnutrição e o défice de crescimento são as duas manifestações da subnutrição infantil, ao passo que a subnutrição dos adultos é apenas o défice de peso. Por outras palavras, as crianças subnutridas são mais magras (definhadas) e mais baixas (raquíticas) do que a referência para a sua idade (OMS 2011).

A baixa estatura para a idade e o baixo peso para a idade são medidas indicativas do atraso de crescimento e da emaciação das crianças, respetivamente. Estas duas condições, em conjunto, indicam que as crianças têm pouco peso. Para além disso, o baixo peso e a emaciação indicam a presença de desnutrição aguda, em que o peso por altura da criança é inferior a dois desvios-padrão da população de referência padrão (UNICEF 2009).

Existem duas formas de malnutrição crónica nas crianças: Marasmo e Kwashiorkor. O marasmo é caracterizado clinicamente por um aspeto enrugado e por uma perda acentuada de gordura subcutânea, tecido e músculo. A apatia e a fraqueza, juntamente com a perda de apetite e a diminuição da tolerância alimentar são frequentemente encontradas nas crianças afectadas, devido a uma deficiência nas calorias consumidas, macronutrientes e micronutrientes (Jahoor et al. 2008, Muller e Krawinkel 2005). O Kwashiorkor, por sua vez, é mais frequente nas crianças e manifesta-se como edema bilateral nos pés das crianças. Isto deve-se a uma deficiência de proteínas, mas a uma ingestão adequada de hidratos de carbono. Neste caso, a depleção de albumina sérica é muito grave e está altamente associada a um maior risco de infecções. Juntamente com o edema dos pés, as crianças afectadas têm um peso clinicamente adequado à sua idade, mas têm cabelo despigmentado, "cara de lua", abdómen inchado e voz chorosa. Algumas outras crianças têm a forma mista e caraterísticas dos dois tipos, conhecida como Kwashiorkor marasmático, mas o mais comum é apresentarem um corpo emaciado, edema dos pés, deficiência grave de proteínas séricas e fígado aumentado (Muller e Krawinkel 2005, Simpore et al. 2006).

Normalmente, as pessoas referem-se à subnutrição durante as emergências alimentares e nutricionais através da prevalência da subnutrição aguda e crónica. Além disso, ao medir a gravidade da crise de desnutrição, é necessário ter em consideração a prevalência de ambas as formas de desnutrição em comparação com os limiares definidos internacionalmente, as tendências da desnutrição antes e depois da crise, a relação entre as taxas de mortalidade e a desnutrição, os factores de risco susceptíveis de afetar o estado nutricional e as deficiências de micronutrientes (Save the Children 2011).

Nos países em desenvolvimento, e em situações que não são de emergência, apenas 5% das crianças com menos de cinco anos sofrem de desnutrição aguda e quase nenhuma de desnutrição grave. Por outro lado, em situações de emergência nutricional, a subnutrição aguda e grave constitui 10-15% das crianças com menos de cinco anos, sendo que a subnutrição grave constitui, por si só, 2-3%. Outras faixas etárias mais velhas também podem sofrer de desnutrição aguda, mas não apresentam tanto definhamento como as crianças (Olack et al. 2011).

Além disso, os elevados níveis de subnutrição aguda e crónica entre as crianças com menos de cinco anos, antes do início da emergência, são indicativos de uma subnutrição significativa pré-existente, que, por sua vez, as colocará em maior risco de subnutrição aguda e de mortalidade. Para além disso, as mulheres grávidas são altamente vulneráveis à desnutrição aguda, o que significa que se a mãe tinha peso a menos antes da gravidez, o seu filho corre um risco maior de ter um peso baixo à nascença e ela corre o risco de morrer durante o parto (Gospodinov 2008).

2.6.3 Taxas de mortalidade

A subnutrição está fortemente associada ao aumento da mortalidade das crianças com menos de cinco anos, mesmo que tenham um peso ligeiramente inferior ao normal. Segundo a OMS, a malnutrição é considerada a principal causa de morte das crianças com menos de cinco anos (Rice et al. 2000). Em situações de emergência, a subnutrição infantil é a maior causa de morte, quer seja direta ou indireta (OMS 2007).

As taxas de mortalidade podem ser muito elevadas em situações de crise aguda e prolongada (Comissão Europeia 2013). . De facto, os dois pontos de referência e as definições de emergências nutricionais são os níveis elevados de mortalidade bruta e de mortalidade de crianças com menos de cinco anos (Brooten e Ogola 2002). As vidas da população afetada estão em risco devido a uma alimentação inadequada e/ou desequilibrada, para além dos surtos de doenças. Estas últimas incluem as infecções respiratórias, o VIH, a malária, a tuberculose e as doenças diarreicas, todas elas fortemente relacionadas com a malnutrição. Por exemplo, uma deficiência de vitamina A prolonga e complica ainda mais as doenças diarreicas em crianças pequenas (OMS 2000a).

As taxas de mortalidade das pessoas deslocadas são dez vezes mais elevadas do que as das mesmas populações em situações de não emergência. Isto é particularmente verdade durante os primeiros meses após a chegada dos refugiados aos campos de . As taxas de mortalidade atingem o seu pico após vários meses da emergência (Gospodinov 2008).

2.7 PROMOÇÃO DA SAÚDE ATRAVÉS DE UMA MELHOR NUTRIÇÃO

A soma das acções empreendidas pelas pessoas durante toda a sua vida e circunstâncias de vida tem um papel importante na influência do bem-estar nutricional e da saúde de que gozam. Isto implica que as pessoas são capazes de influenciar o seu crescimento ao longo do ciclo de vida, adoptando dietas boas e equilibradas e estilos de vida activos. No entanto, existem alguns outros factores não modificáveis que podem prejudicar o estado nutricional.

O ciclo de vida de uma pessoa começa quando ela ainda está no ventre da mãe, pelo que qualquer stress nutricional durante a vida pré-natal pode afetar os resultados futuros em termos de saúde e nutrição. De facto, há fortes indícios de que a adaptação pré-natal à vida está diretamente relacionada com os riscos de obesidade, de DMNID, de AVC e de DCV (Eriksson, Lindstrom e Tuomilehto 2001). Além disso, há provas de que uma nutrição materna deficiente afecta substancialmente o desenvolvimento fetal de mais do que uma única geração. Dois factores afectam o peso à nascença de um bebé, sendo o primeiro o peso corporal da mãe antes da gravidez e o segundo o seu próprio peso à nascença. Assim, a má nutrição materna leva geralmente várias gerações a afetar a nutrição do útero (Abu-Saad e Fraser 2010).

A programação fetal é um conceito muito crítico que é afetado pelo stress nutricional, mas vários outros factores de risco ambientais complementam e amplificam este conceito, tais como estilos de vida sedentários, maus hábitos alimentares, tabagismo e abuso de álcool na idade adulta. Assim, existe uma interação entre a nutrição pré e peri-concecional, o crescimento e o desenvolvimento em fases posteriores da vida. O risco de doenças crónicas e de morte prematura é determinado pela interação entre os hábitos alimentares, a atividade física e os estilos de vida ao longo do ciclo de vida. Esta interação também afectará a obtenção de uma saúde nutricional óptima e a qualidade de vida com o envelhecimento, ao afetar as funções cognitivas, imunitárias, musculares e ósseas.

A pobreza e as desigualdades continuam a existir mesmo nos países mais ricos do mundo, conduzindo frequentemente a problemas de saúde e de nutrição, devido ao facto de as pessoas pobres viverem em ambientes difíceis, não disporem de habitação adequada e segura e não terem acesso adequado a uma nutrição adequada (Prakash 2002).

Tem-se argumentado que muitas circunstâncias sociais da infância e da idade adulta e a experiência cumulativa na idade adulta estão muitas vezes fortemente correlacionadas com as taxas de morbilidade e mortalidade na idade avançada (Davey-Smith 2000). Há, de facto, algumas exposições da sociedade no início da vida que interagem ou se juntam às enfrentadas na idade adulta, e que conduzem frequentemente à morbilidade e à mortalidade. Por exemplo, as condições de habitação e as infecções adquiridas na infância podem levar à morbilidade e mortalidade por doenças respiratórias na idade adulta. Do mesmo modo, os factores de vida anteriores podem associar-se ao tabagismo, por exemplo, para agravar os riscos de doença na idade adulta (Mann, Wadsworth e Colley 1992). Além disso, alguns casos clínicos como a hipertensão, a doença coronária e o baixo peso à nascença, que estão fortemente associados à nutrição materna intergeracional, podem interagir com a obesidade na idade adulta, especialmente naqueles que vivem em condições sociais desfavoráveis (Frankel et al. 1996).

Vários factores relacionados com a pobreza podem afetar o estado de saúde das pessoas ao longo da vida. Estes factores incluem a obesidade, a baixa estatura, o baixo peso à nascença e a função pulmonar. De facto, há fortes indícios da inter-relação entre as influências intergeracionais destes factores e a nutrição (Gunnell et al. 1998). Ao considerar as causas subjacentes às desigualdades na saúde, há que reconhecer os comportamentos relacionados com a saúde, como os padrões alimentares, que são condicionados por questões de pobreza (Davey-Smith e Brunner 1997).

Dado que a saúde e o desenvolvimento humano ao longo do ciclo de vida podem influenciar as gerações futuras, torna-se claro que o risco de doenças não transmissíveis na idade adulta é influenciado por exposições sociais e biológicas em fases anteriores da vida. Isto permite considerar que a interação de vários determinantes, especialmente durante as fases críticas do crescimento, pode influenciar fortemente o risco de doenças não transmissíveis.

Além disso, os factores ambientais relacionados com a alimentação e os padrões de estilo de vida podem ser tão importantes como os hereditários na determinação do estado de saúde futuro. À medida que as pessoas envelhecem, podem fazer escolhas corretas ao longo da vida para aumentar a probabilidade de permanecerem saudáveis e independentes para o resto das suas vidas. Por exemplo, nos Estados Unidos, quase dois terços de todas as mortes estão relacionadas com uma má nutrição e hábitos alimentares (National Research Council 1989). Por conseguinte, a nossa alimentação afecta significativamente a nossa saúde, longevidade e qualidade de vida. A alimentação tem um papel fundamental na prevenção de muitas doenças crónicas, como o cancro, as doenças cardíacas, a diabetes e a osteoporose. De facto, os regimes alimentares pouco saudáveis e a falta de atividade física são responsáveis, por si só, por 14% de todos os casos de morte nos Estados Unidos (McGinnis e Foege W.H 1993), seguidos pelo tabagismo. Mais recentemente, surgiram fortes indícios de que uma dieta saudável e equilibrada para a nossa altura, acompanhada de atividade física, e a cessação do tabagismo podem aumentar a nossa longevidade em pelo menos sete anos.

Atualmente, verifica-se uma mudança significativa nos perfis demográficos da maioria dos países industrializados, uma vez que o número de idosos está a aumentar drasticamente. No entanto, a maioria das sociedades europeias não está preparada para os efeitos desta transformação demográfica. Assim, existe uma forte necessidade de desenvolver políticas para a nutrição e a saúde, reconhecendo as diferentes interações complexas que podem afetar o estado nutricional das pessoas ao longo do ciclo de vida, como uma abordagem proactiva para atingir todos os grupos etários, em vez de desenvolver políticas que tratem dos problemas de saúde à medida que estes ocorrem. Por outras palavras, uma melhor saúde e um melhor estado nutricional para todas as pessoas são alcançados através de uma abordagem do ciclo de vida a médio e longo prazo (Prakash 2002).

2.7.1 Nutrição durante a infância

A infância é definida como o primeiro ano da infância, entre 0 e 1 ano de idade. Quando o bebé nasce, o seu estado nutricional é determinado pela experiência pré-natal (Jackson 2002). Há uma transição vital e essencial na vida de um bebé. De facto, o bebé passa de receber oxigénio, nutrientes e energia do útero para ser alimentado com leite pela pessoa que cuida dele, normalmente a mãe.

Durante as primeiras semanas, o bebé recebe apenas um alimento líquido, o leite materno, que cobre todas as suas necessidades nutricionais, tais como nutrientes essenciais para o crescimento e desenvolvimento dos tecidos, e energia para a compensação da perda de calor e funções metabólicas (Autoridade Europeia para a Segurança dos Alimentos 2014). Além disso, o leite materno fornece energia e nutrientes para que o bebé desenvolva imunidade, bem como barreiras físicas e químicas para resistir ao novo ambiente hostil fora do útero (Rabet et al. 2008).

O peso do bebé duplica nos primeiros quatro meses após o nascimento e triplica no primeiro ano, para além de duplicar a sua superfície. Este é o crescimento mais rápido do ciclo de vida humano. Este crescimento é também acompanhado pelo desenvolvimento das funções, da forma e da composição do bebé. Por exemplo, o epitélio da mucosa intestinal desenvolve-se muito rapidamente durante as primeiras semanas, aumentando depois a sua absorção de nutrientes em função das necessidades do bebé, ao mesmo tempo que constitui uma barreira às moléculas estranhas. Da mesma forma, as funções hepática e renal também se desenvolvem rapidamente e a percentagem de gordura corporal aumenta de 16% para 30% entre o terceiro e o oitavo mês, respetivamente (Prakash 2002).

O leite materno fornece ao bebé uma ingestão equilibrada de nutrientes facilmente absorvidos e energia essencial para todas estas mudanças que ocorrem. Assim, a OMS recomenda que todas as mães devem amamentar exclusivamente os seus bebés até aos seis meses de idade, seguindo-se a introdução de alimentos complementares juntamente com a continuação do aleitamento materno (OMS 2011).

2.7.2 Nutrição durante a gravidez

Todas as mulheres grávidas são aconselhadas a consumir uma dieta rica em nutrientes, de modo a satisfazer as suas necessidades alimentares e as dos seus produtos de conceção, nomeadamente o feto e a placenta. De facto, o feto obtém todos os nutrientes necessários através da placenta, mas a mãe não tem de comer literalmente para dois. As diretrizes dietéticas específicas para as mulheres grávidas são quase as mesmas que para as mulheres não grávidas. Estas incluem a ingestão de uma quantidade suficiente de hidratos de carbono, como massa, pão e arroz, carne magra, como carne, frango e peixe sem pele, leite e outros produtos lácteos para o cálcio, cinco trocas de frutas e legumes por dia e apenas uma pequena quantidade de açúcares e gorduras saturadas (Prakash 2002).

De acordo com o Avon Longitudinal Study of Pregnancy and Childhood, realizado no Reino Unido com 12 000 mulheres grávidas, a dieta das mulheres grávidas britânicas é adequada, exceto no que se refere ao folato, ao ferro, ao potássio e ao magnésio (Rogers e Emmett 1998). Além disso, outro estudo mostrou que existe uma forte relação entre a ingestão de nutrientes e os resultados da gravidez, entre mulheres ricas e pobres no Reino Unido (Doyle et al. 1982, Doyle et al. 2001).

Além disso, a ingestão alimentar de nutrientes aumenta automaticamente durante a gravidez devido ao aumento da ingestão de energia dos alimentos. No entanto, a ingestão de cálcio e ferro não precisa de ser aumentada durante a gravidez porque as alterações metabólicas que ocorrem conduzem a uma absorção mais eficiente a partir da dieta. Assim, se a ingestão alimentar das mulheres grávidas estiver de acordo com as recomendações gerais, não há necessidade de aumentar a ingestão alimentar (Prakash 2002).

2.7.3 Nutrição durante a lactação

Em comparação com a gravidez, a lactação é mais exigente do ponto de vista nutricional. No entanto, a lactação é um processo mais forte em termos de saúde nutricional. Vários dados de países desenvolvidos e em desenvolvimento mostraram que, apesar das discrepâncias nas circunstâncias nutricionais das mulheres lactantes, o leite é sempre consistente em qualidade e qualidade entre elas (Prentice et al. 1986). Isto está em contraste com os factores externos que afectam a gravidez em termos de nutrição (Poppitt et al. 1994, Prentice A.M et al. 1996).

As necessidades energéticas durante a lactação dependem, em parte, da quantidade de gordura armazenada durante a gravidez. Tem-se argumentado que, se uma mulher depositar gordura corporal durante a gravidez, essa gordura será mobilizada para suportar a lactação. Assim, uma menor acumulação de gordura está associada a menores reservas de energia para a lactação. No entanto, as mulheres que aumentam a sua ingestão de energia ou diminuem a sua atividade física durante a lactação não devem estar em risco (Prakash 2002).

O aumento das necessidades energéticas durante a lactação deve-se às necessidades energéticas para a síntese do leite e à exportação de macronutrientes, proteínas, gorduras e hidratos de carbono. É geralmente exigido que as mulheres lactantes aumentem a sua ingestão de energia em 2,9 MJ ou 700 calorias por dia (FAO, OMS e UNU 1985).

2.8 CONCLUSÃO

Este capítulo abordou o quadro jurídico dos refugiados, a importância dos campos de refugiados, as tendências e os desafios dos refugiados, com especial destaque para o Médio Oriente, a insegurança alimentar e a subnutrição associada, as taxas de mortalidade e as doenças, bem como a importância da nutrição para uma melhor saúde, especialmente durante a infância, a gravidez e a lactação. Os indicadores do estado nutricional utilizados pelo ACNUR com base na classificação da OMS para a gestão da subnutrição em situações de emergência serão analisados no capítulo 4 das conclusões. O capítulo seguinte abordará a metodologia utilizada para a recolha e análise de dados para efeitos do presente projeto.

3.0 METODOLOGIA DE INVESTIGAÇÃO

3.1 INTRODUÇÃO

Este capítulo esclarece a definição de filosofia de investigação e a sua importância, bem como os métodos de investigação que podem ser utilizados, a lógica subjacente a cada um deles e as suas limitações. Inclui também a metodologia utilizada para este projeto de investigação, bem como as estratégias de recolha e análise de dados.

3.2 FILOSOFIA DE INVESTIGAÇÃO

O desenvolvimento dos antecedentes, dos conhecimentos e da natureza da investigação é definido como filosofia de investigação (Saunders, Lewis e Thornhill 2009). De facto, a filosofia de investigação estabelece um quadro para orientar o processo de investigação através da compreensão de outras teorias, práticas, percepções e crenças (Cohen, Manion e Morrison 2000). Isto cria relações coerentes entre os objectivos da investigação, ao mesmo tempo que melhora a investigação e responde a perguntas através de novos conhecimentos (Cohen, Manion e Morrison 2000, Gliner, Morgan e Leech 2009). Foi defendido que a filosofia da investigação tem várias componentes: ontologia, epistemologia e metodologia (Potter 2000).

A ontologia diz respeito à assunção de certas teorias filosóficas sobre a natureza da realidade e ao questionamento sobre a origem do funcionamento do mundo (Jacquette 2002). A epistemologia, no entanto, preocupa-se com o conhecimento aceitável num campo de estudo, especialmente no que diz respeito à metodologia, validade, âmbito e a diferença entre crenças e opiniões razoáveis (Bryman e Bell 2003). A metodologia diz respeito à teoria de como a investigação deve ser conduzida, através dos métodos analíticos sistemáticos e teóricos empreendidos para uma investigação específica. A metodologia inclui técnicas qualitativas ou quantitativas, modelos teóricos e conceitos (Saunders, Lewis e Thornhill 2009).

3.2.1 Importância da filosofia de investigação

A filosofia da investigação é importante em muitos aspectos. De facto, apoia a crença do investigador no conhecimento científico e aumenta a credibilidade ao gerar novos conhecimentos através de métodos de investigação (Potter 2000). Além disso, à medida que o investigador toma consciência das limitações das diferentes abordagens, a filosofia de investigação ajuda-o a poupar tempo e a realizar o trabalho correto no processo de investigação (Crossan 2003).

3.3 MÉTODOS DE INVESTIGAÇÃO

Com base no objetivo a atingir neste projeto de investigação, foram utilizados métodos de investigação qualitativos e quantitativos, com especial destaque para os qualitativos. De facto, foi argumentado em que a investigação pode ser claramente considerada qualitativa ou quantitativa, dependendo da forma como as questões de investigação e a lógica foram enquadradas. Esta lógica deve fluir naturalmente ao longo dos elementos da investigação, desde a conceção da investigação até à recolha e análise de dados (Punch 2006). Os investigadores explicaram diferentes metodologias de recolha de dados em função de diferentes objectivos, que por sua vez exigem diferentes tipos de análise de dados (Dey 1993).

3.3.1 Dados primários

Os dados primários são definidos como dados que não foram publicados anteriormente, mas que foram obtidos diretamente pelos investigadores para adaptar as suas necessidades (Punch 2006). Os dados primários são recolhidos através de vários métodos, tais como entrevistas e discussões em grupos de discussão, reuniões, inquéritos, questionários ou quaisquer outros métodos que envolvam o contacto direto com os inquiridos (World Food Programme 2005). Estes dados apresentam muitas vantagens por serem específicos, actualizados, imparciais e originais (Blumberg, Cooper e Schindler 2008). No entanto, para efeitos deste projeto de investigação, os dados primários não foram utilizados, devido ao facto de que poderiam ter incorrido em custos elevados por estarem fisicamente presentes no estudo de campo para o processo de investigação (Bryman e Bell 2003).

3.3.2 Dados secundários

Neste projeto de investigação, foram utilizadas apenas fontes secundárias para a recolha de dados. De facto, os dados secundários são definidos como dados previamente recolhidos por outros investigadores para diferentes objectivos (Blumberg, Cooper e Schindler 2008). Estes dados proporcionaram uma sinopse do estatuto jurídico dos refugiados sírios no Líbano, da situação dos abrigos, das fontes de alimentação e dos rendimentos dos agregados familiares, da situação de segurança alimentar, desde a disponibilidade ao acesso e à adequação, das estratégias de sobrevivência alimentar dos agregados familiares, dos indicadores do estado nutricional em situações de emergência humanitária, da prevalência da desnutrição aguda e crónica, bem como da anemia entre as crianças refugiadas, da prevalência da desnutrição e da anemia entre as mulheres em idade reprodutiva, entre outros. Os dados secundários incluíam documentos de biblioteca relacionados com o projeto de investigação, tais como livros, revistas e jornais. Estes dados foram acompanhados de relatórios publicados por diferentes organizações que têm estado a trabalhar com refugiados, tais como o ACNUR, a UNICEF, o PAM, a OMS e outros.

Para além disso, os dados secundários estão prontamente disponíveis, ajudam a encontrar respostas para as questões de investigação e analisam prontamente os dados obtidos (Blumberg, Cooper e Schindler 2008). Além disso, podem ser obtidos novos pontos de vista teóricos sobre o estado nutricional dos refugiados sírios no Líbano através da utilização de dados secundários. No entanto, os dados secundários representam uma fraqueza inerente, uma vez que foram recolhidos originalmente para um objetivo diferente do do investigador (Blaxter, Hughes e Tight 2010, Blumberg, Cooper e Schindler 2008). Assim, este projeto de investigação girou em torno do trabalho com os dados existentes e da sua adequação ao objetivo do novo estudo.

3.3.3 Métodos Qualitativos

Na recolha e análise de dados, as estratégias de investigação qualitativa centram-se sobretudo nas palavras e não nos números (Bryman e Bell 2003). As abordagens qualitativas permitem ao investigador examinar as conclusões de outras pessoas, através de métodos de investigação específicos, como discussões em grupos de discussão, entrevistas, relatórios publicados e outros (Collis e Hussey 2003, Hennink, Hutter e Bailey 2011, Walker 1985). A utilização de métodos qualitativos proporciona uma compreensão profunda das questões e do contexto das pessoas através da exploração de novas ideias (Hennink, Hutter e Bailey 2011), e um sentido de interpretativismo, construcionismo e intuitivismo (Bryman e Bell 2003, Hennink, Hutter e Bailey 2011). No entanto, alguns autores criticaram estes métodos por serem impressionistas e subjectivos, baseados em resultados apresentados de forma não sistemática (Quimby 2012). Em alguns casos, pode gerar conhecimento para os investigadores em função das relações pessoais que constroem ao longo do estudo, o que dificulta a integração de dados por parte de diferentes inquiridos (Bryman e Bell 2003, Quimby 2012).

Apesar do facto de a quantificação poder ser cortada e separada do quadro geral, os métodos de investigação qualitativa contribuem efetivamente para que uma quantidade seja significativa (Anderson 2010, Moriarty 2011, Sofaer 1999). Em contrapartida, tem-se argumentado que os métodos de investigação qualitativa não são estruturados e dependem das competências e previsões do investigador, o que dificulta a replicação e a geração de dados, uma vez que não existem referências padrão a seguir. No entanto, os métodos qualitativos estabelecem ligações entre os procedimentos e os resultados (Moriarty 2011).

Assim, torna-se crucial que o investigador compreenda e estabeleça o enquadramento contextual da investigação, de forma a estabelecer sensibilidade durante a recolha de dados qualitativos para uma melhor interpretação (Collis e Hussey 2003, Moriarty 2011). No entanto, as ferramentas de integração de dados são mais exigentes e demoradas, podendo ser atribuída a outra investigação o processo de investigação dificultando assim a síntese de dados (Walker 1985). Assim, a visão circunferencial da investigação pode ser reforçada por dados qualitativos através de uma descrição rica dos fenómenos que é essencial para a investigação nas fases iniciais, podendo assim fornecer uma explicação mais significativa do que a descrição ou a investigação por si só (Moriarty 2011).

No entanto, os resultados gerados pelos métodos de investigação qualitativa são difíceis de generalizar, devido ao facto de as entrevistas, por exemplo, serem realizadas numa comunidade específica e num pequeno número de indivíduos (Bryman e Bell 2003).

A triangulação de dados refere-se à utilização de uma combinação de técnicas, tais como dados primários e secundários e relatórios de organizações, juntamente com outros métodos diferentes na investigação social. Este método tem por objetivo validar e melhorar a investigação (Burgess 1993). Além disso, foram identificados dois métodos no âmbito da triangulação metodológica: método transversal e método interno (Bekhet e Zauszniewski 2010). Além disso, a triangulação metodológica é uma ferramenta importante para confirmar os dados, melhorar a compreensão, a validade e os resultados do estudo e reduzir os pontos fracos dos métodos individuais (Blaxter, Hughes e Tight 2010, Bryman e Bell 2003, Patton 1990).

Como resultado da generalização limitada dos métodos de investigação qualitativa, a fiabilidade e a validade do investigador serão afectadas, uma vez que a investigação será ambígua em termos de análise de dados e menos transparente em termos de conclusões (Bryman e Burgess 1994, Bryman e Bell 2003, Quimby 2012). Além disso, a generalização limitada na investigação qualitativa deve-se ao facto de os dados serem recolhidos de um pequeno número de indivíduos (Anderson 2010). No entanto, tem sido argumentado que nas entrevistas de estruturas, um exemplo de observações naturalistas e ferramentas de recolha de dados em métodos qualitativos, o comportamento é observado e documentado pelo investigador que não está inicialmente consciente do significado e da utilidade dos dados (Madrigal e McClain 2012).

3.3.4 Métodos quantitativos

Os métodos de dados quantitativos são definidos como a utilização de quantidades ou números com o objetivo de gerar novas informações. Isto pode ser feito através da contagem, da classificação de caraterísticas ou da construção de um modelo estatístico para explicar o que foi observado (Babbie 1992, Punch 2005). Os defensores dos métodos quantitativos argumentam que estes métodos servem de instrumento para manipular diferentes variáveis que validam os objectivos da investigação, de forma imparcial, o que significa que os investigadores não influenciam a interpretação e a análise dos dados. No entanto, os dados são examinados, segregados e comparados de acordo com as relações comuns entre as variáveis com base em estratégias específicas (Punch 2005, Punch 2006, Taylor 2000, Wellington e Szczerbinski 2007). A conceção dos métodos quantitativos é realizada quer experimentalmente através de medições dos sujeitos, quer descritivamente, medindo as questões de um determinado fenómeno apenas uma vez (Babbie 1992).

Muitas preocupações estão relacionadas com a teoria epistemológica fundamentada do conhecimento aceitável, pelo que os métodos quantitativos na investigação social têm a vantagem de tornar o estudo mais amplo e de generalizar os resultados para toda a população através do envolvimento de mais sujeitos (Bryman e Bell 2003). Além disso, os resultados dos métodos de investigação quantitativa são mais objectivos, devido ao facto de esses métodos gerarem resumos de dados que apoiam o conceito de generalização, envolvendo mais casos e poucas variáveis. Isto, por sua vez, aumentará a fiabilidade e a validade da investigação através da utilização de procedimentos específicos (Babbie 1992).

No entanto, tem sido afirmado que a generalização de resultados a partir de dados quantitativos tem uma limitação, porque os resultados foram recolhidos a partir de amostras para um local, tempo e inquiridos específicos, o que faz com que o pressuposto da análise estatística careça de validade (Pole e Lampard 2002). Além disso, os investigadores que utilizaram dados quantitativos negligenciaram as diferenças entre o mundo social e o mundo natural, nomeadamente as pessoas e a natureza (Bryman e Bell 2003).

No entanto, os métodos quantitativos nem sempre reflectem o que as pessoas realmente sentem, porque isso depende da vida social do participante no momento do estudo (Babbie 1992, Bryman e Bell 2003). No entanto, tem-se argumentado que os resultados dos dados quantitativos podem ser reproduzidos através da utilização das mesmas normas e procedimentos, que podem ser posteriormente analisados e comparados com resultados anteriores (Bryman e Bell 2003). Tendo discutido os métodos qualitativos e quantitativos, tornou-se apropriado discutir os que foram utilizados neste projeto de investigação.

3.3.5 Metodologia utilizada

O planeamento da investigação não tem um esquema único e significativo, porque o objetivo da investigação determina a metodologia a utilizar. De facto, deve haver um equilíbrio entre o que se pretende planear e o que é exequível, enquanto se estabelece a investigação (Cohen, Manion e Morrison 2000).

Para cumprir o objetivo deste estudo, e na tentativa de responder às questões de investigação anteriormente mencionadas, recorreu-se sobretudo a métodos qualitativos como ferramenta adequada para a recolha de dados (Cassell e Symon 2004), mas também se utilizaram alguns dados quantitativos, tais como estatísticas e cortes nutricionais. Os métodos de investigação qualitativa revelaram-se capazes de estabelecer modelos, teorias e leis. De facto, as teorias existentes podem ser obtidas, juntamente com novas teorias a serem testadas através da utilização de métodos de investigação qualitativa (Tucker, Powell e Meyer 1995). Este método é mais apropriado para a compreensão dos fenómenos sociais (Yin 1984), adquirindo mais conhecimentos sobre as caraterísticas fundamentais de um sujeito e imergindo o investigador no contexto (Wolcott 1992).

3.4 ANÁLISE DE DADOS

Dado que os métodos de investigação qualitativa e a recolha de dados secundários foram os principais determinantes deste projeto de investigação, a teoria fundamentada de análise foi o método escolhido para o processo de análise. De facto, este método analítico foi ao longo de todo o processo de investigação baseado na recolha e análise sistemática de dados (Bryman e Bell 2003).

Além disso, foi também utilizada a análise temática de acordo com as diretrizes da Missão de Avaliação Conjunta do PAM e do ACNUR (PAM e ACNUR 2013), em que foram identificados temas e categorias a partir de diferentes fontes de dados (Jupp e Sapsford 2006). Por outras palavras, as categorias analíticas incluíram cada conjunto de informações recolhidas.

3.5 ÉTICA E AVALIAÇÃO DE RISCOS

A ética é considerada como um elemento essencial nos estudos de investigação social (Loue 2000). De facto, implica o estudo do comportamento adequado, questionando-se sobre como conduzir a investigação de uma forma moral e responsável (Blumberg, Cooper e Schindler 2008). Por outras palavras, a metodologia proposta em deve decorrer sem problemas desde o início do estudo até à sua conclusão (Blumberg, Cooper e Schindler 2008, Oates, Kwiatkowski e Coulthard 2010). Uma vez que este projeto de investigação se baseou apenas na recolha de dados secundários, não houve qualquer problema de saúde ou segurança associado ao mesmo (Anexo 1).

3.6 CONCLUSÃO

Este capítulo abordou a metodologia utilizada neste projeto de investigação, bem como os instrumentos de recolha e análise de dados. Assim, o capítulo seguinte apresentará os resultados gerados pelo projeto de investigação discutido, numa tentativa de cumprir os objectivos da investigação.

4.0 CONCLUSÕES E DISCUSSÃO

4.1 INTRODUÇÃO

O objetivo deste capítulo é apresentar e discutir os principais resultados obtidos a partir da análise de dados secundários. Os dados serão apresentados sob diferentes temas que destacam as principais questões nutricionais dos refugiados sírios no Líbano, e discutidos em conformidade. Os temas incluem o estatuto legal dos refugiados sírios no Líbano, a situação dos abrigos, as fontes de alimentação e os rendimentos dos agregados familiares, os indicadores do estado nutricional em situações de emergência humanitária, a prevalência da subnutrição aguda e crónica entre as crianças, o estado nutricional das mulheres em idade reprodutiva, entre outros.

4.2 ESTATUTO JURÍDICO DOS REFUGIADOS SÍRIOS NO LÍBANO

O Líbano não é parte na Convenção de 1951 e não dispõe de legislação específica relativa ao estatuto dos refugiados. No entanto, tem a obrigação, ao abrigo do princípio de non-Refoulement, de não devolver os refugiados à força ao seu país de origem e de não os penalizar se tiverem entrado por meios ilegais. Este princípio faz parte do direito consuetudinário, que vincula os países a um conjunto de regras, mesmo que não sejam signatários de convenções específicas relativas a este direito (van Vliet e Hourani 2012). Como tal, os refugiados e os requerentes de asilo no Líbano são tratados como imigrantes ilegais (Human Rights Watch 2012) e o seu estatuto jurídico é regido pelas leis nacionais relativas aos cidadãos estrangeiros (ESCWA 2009).

Em 2003, foi celebrado um Memorando de Entendimento entre o ACNUR e o Governo libanês, que estabelece que o Líbano não é um país de asilo e que cabe exclusivamente ao ACNUR determinar o estatuto dos refugiados até à sua reinstalação ou repatriamento (ESCWA 2009, Naufal 2011). No entanto, o Líbano tem a obrigação internacional de proteger os refugiados e de responder às suas necessidades (Naufal 2011), mas não dispõe da prática administrativa necessária para cumprir esta responsabilidade (ACNUR 2012a). Por conseguinte, os refugiados no Líbano são altamente dependentes do ACNUR, das ONG, dos municípios e das sociedades de beneficência para a satisfação das suas necessidades básicas, como cuidados de saúde, alimentação, educação e outras (ACNUR 2012b).

Com o aumento do número de sírios que fogem do conflito no seu país, o Líbano sempre teve uma política de fronteiras abertas para eles. De facto, o acordo bilateral de 1993 entre o Líbano e a Síria concede aos sírios a liberdade de permanecerem, trabalharem e exercerem actividades económicas no Líbano, mediante uma autorização de trabalho, mas não de receberem cobertura médica completa ao abrigo do NSSF (Gabinete Regional da Organização Internacional do Trabalho para os Estados Árabes, 2013).

No entanto, os refugiados sírios no Líbano são considerados ilegais se não possuírem a documentação necessária para a sua estadia e entrada, de acordo com a legislação libanesa, o que, por sua vez, os coloca numa posição de estatuto legal limitado. Com efeito, o NRC no Líbano referiu que a maioria dos refugiados sírios tem um estatuto jurídico limitado devido ao facto de não terem renovado o visto devido ao seu elevado custo, ou de terem atravessado as fronteiras de forma não oficial, o que cria uma lacuna no regime de proteção. Esta situação afecta substancialmente os seus direitos básicos de receber proteção e assistência durante a sua deslocação. De facto, 73% dos 1.256 refugiados sírios entrevistados pelo NRC referiram que o seu estatuto legal limitado os impedia de circular livremente pelo Líbano devido ao receio de atravessar pontos de controlo oficiais ad hoc, especialmente no Norte, Bekaa e Sul, o que, por sua vez, os impedia de aceder a alimentos, justiça, registo no ACNUR e serviços básicos como hospitais e centros de saúde (Aranki e Kalis 2014, Conselho Norueguês para os Refugiados 2014b).

Do mesmo modo, a Jordânia não ratificou a Convenção de 1951 e o seu Protocolo de 1967, o que impediu os refugiados sírios não registados nas comunidades urbanas de acederem aos serviços do governo e do ACNUR, incluindo a assistência do PAM. De facto, os refugiados com estatuto legal limitado não estão incluídos no programa de vales de alimentação do PAM e não têm acesso aos serviços públicos e à assistência em dinheiro (Nações Unidas 2013b), o que conduz frequentemente ao risco de insegurança alimentar entre os grupos vulneráveis, como as mulheres, as crianças e os idosos (PAM 2013b).

4.3 SITUAÇÃO DOS ABRIGOS DOS REFUGIADOS SÍRIOS NO LÍBANO

O Governo libanês adoptou uma política de "não-acampamento" para os refugiados sírios (Comissão Europeia 2015) e não permitiu que o ACNUR ou as ONG construíssem edifícios robustos para os refugiados viverem (Amnistia Internacional 2014). De facto, a criação de campos de refugiados palestinianos pela ONU no passado fez com que 500 000 refugiados residissem no Líbano durante mais de 60 anos, deixando marcas profundas. Os opositores dos campos de refugiados formais argumentam que a criação de campos de refugiados formais para os refugiados sírios permitiria que estes residissem no país de forma permanente (Amnistia Internacional 2014, Rainey 2015), ao passo que viver fora dos campos formais permitiria uma vida mais sustentável e digna aos sírios deslocados, uma vez que estes podem desenvolver mais oportunidades para encontrar soluções para os seus problemas através da autossuficiência (Rainey 2015).

Como tal, os refugiados sírios no Líbano estão dispersos em comunidades de acolhimento em mais de 1700 aldeias em todo o país, com as maiores concentrações em Bekaa e no Norte do Líbano, as duas áreas mais pobres do país (Amnistia Internacional 2014). Residem em acampamentos informais, abrigos colectivos, casas inacabadas, apartamentos ou armazéns (Comissão Europeia

2015, Comité Internacional de Resgate 2013, Conselho Norueguês para os Refugiados 2014c), caracterizados sobretudo por um acesso deficiente a serviços de água e saneamento (Conselho Norueguês para os Refugiados 2014c). De facto, estes últimos contribuíram para o aumento de doenças de pele infecciosas e contagiosas, como a sarna, entre a população refugiada, o que é indicativo de sobrelotação e de condições de alojamento insuficientes (Gabinete Regional da Organização Internacional do Trabalho para os Estados Árabes, 2013).

Infelizmente, os locais de acolhimento de refugiados e as povoações informais constituem um ambiente inadequado para os grupos vulneráveis, uma vez que carecem frequentemente de higiene adequada, de melhor acesso a fontes de água potável e de instalações sanitárias (Programa das Nações Unidas para os Assentamentos Humanos 2006). Estas más condições de habitação podem afetar substancialmente a saúde humana, uma vez que estão diretamente associadas à propagação e ao peso das doenças infecciosas, como a cólera, a febre tifoide, a meningite, a tuberculose e outras (Patel e Burke 2009, Programa das Nações Unidas para os Assentamentos Humanos 2003).

4.4 FONTE DE ALIMENTAÇÃO E RENDIMENTO DOS AGREGADOS FAMILIARES

Em 2013, foi realizado um VASyR no Líbano através de um inquérito multissectorial aos agregados familiares, dependendo da duração do registo da população refugiada. O inquérito revelou que 59% de todos os entrevistados dependiam do emprego como principal fonte de subsistência, principalmente sob a forma de trabalho ocasional não agrícola e de trabalho qualificado, seguido de vales de alimentação do PAM, empréstimos e créditos. No entanto, verificaram-se grandes diferenças em função do estatuto de registo dos refugiados. De facto, os agregados familiares sírios que ainda aguardavam registo tinham direito a menos fontes de subsistência do que aqueles que estavam registados há mais tempo. Por outras palavras, as fontes de subsistência não sustentáveis, como as poupanças, os presentes e o trabalho ocasional não agrícola, eram mais comuns entre os que aguardavam o registo ou foram registados recentemente, em comparação com os vales de alimentação e o trabalho qualificado entre os que estavam registados há mais de três meses. Estas disparidades nas fontes de subsistência foram atribuídas ao facto de as pessoas que aguardavam o registo não receberem assistência formal ou acesso a programas de vales até estarem registadas (PAM, UNICEF e ACNUR 2013).

Do mesmo modo, outra avaliação destinada a avaliar o estado nutricional geral dos refugiados sírios no Líbano mostrou que as três principais fontes de rendimento dos agregados familiares sírios no Líbano são o emprego, os vales de alimentação e o dinheiro proveniente de organizações humanitárias. As duas primeiras, nomeadamente o emprego e os vales de alimentação, eram as fontes mais comuns em todos os estratos do Líbano, mas a assistência em dinheiro era mais prevalecente no Norte, Bekaa e Sul (Hamza 2014).

Além disso, o ACNUR demonstrou que os agregados familiares sírios que recebem assistência do PAM tinham como principal fonte de rendimento os vales electrónicos do PAM (e-cards), seguidos do emprego ocasional (ACNUR 2014). De facto, o PAM tem trabalhado no Líbano desde 2012, a pedido oficial do governo, prestando assistência alimentar aos refugiados sírios mais vulneráveis, através do fornecimento de cartões electrónicos e, em alguns casos, de pacotes alimentares únicos. Os cartões electrónicos constituíam mais de 97% do número de casos mensais do PAM e visavam mais de 75% de todas as pessoas registadas no ACNUR. Os refugiados sírios que beneficiaram do programa receberam rações alimentares que podem ser trocadas por alimentos à sua escolha em mais de 410 lojas locais que colaboram com o PAM. A economia local beneficiou de mais de 444 milhões de dólares (285 milhões de libras) desde o início deste programa. Os cartões electrónicos foram adoptados principalmente devido ao facto de o mercado local ser capaz de fornecer alimentos suficientes tanto para os refugiados como para a população local, diminuindo a necessidade de grandes importações de alimentos . Além disso, o consumo individual e as necessidades nutricionais foram satisfeitos de forma mais eficaz, uma vez que os beneficiários tiveram a liberdade de escolher os alimentos que preferiam. Quanto aos pacotes alimentares únicos, foram distribuídos aos novos sírios que aguardavam o registo. Cada pacote alimentar era composto por treze produtos diferentes, suficientes para cobrir as necessidades básicas de uma família durante um mês inteiro (PAM 2015a).

Pelo contrário, os agregados familiares que não receberam assistência do PAM basearam-se principalmente no emprego como fonte de rendimento, seguido de presentes de familiares e amigos e, em menor grau, de empréstimos e créditos. Além disso, as famílias compostas por mulheres tendiam a receber mais cupões de alimentos do PAM em comparação com os seus homólogos masculinos que declararam o trabalho ocasional como a sua principal fonte de rendimento. Uma análise do perfil de emprego por estratos de localização mostrou que as pessoas que vivem no Monte Líbano, em Beirute e no Sul do Líbano tinham mais probabilidades de encontrar um emprego devido ao facto de estas áreas se caracterizarem por um desenvolvimento em curso e por uma menor densidade populacional síria em comparação com o resto do Líbano (ACNUR 2014).

No entanto, em Akkar, no Norte do Líbano, as famílias sírias referiram que os alimentos que recebiam dos actores alimentares não eram suficientes e incluíam apenas óleo, alimentos enlatados, açúcar e sal. Também referiram que não tinham acesso a meios de subsistência sustentáveis devido ao seu limitado poder de compra e que não conseguiam encontrar emprego no distrito de Akkar porque este não conseguia absorver mão de obra adicional devido à recessão económica causada pelo afluxo maciço de refugiados. Esta situação foi ainda mais dificultada pelos preços elevados no Líbano em comparação com a Síria, o que, por sua vez, reduziu a capacidade das famílias de acolhimento para absorver o afluxo sírio e aumentou a já fraca capacidade de compra dos sírios

(Premiere Urgence 2012a). Um olhar mais atento ao rendimento mensal médio dos refugiados sírios mostrou, de facto, que o seu salário mensal médio era de 200 dólares (128 libras), o que é muito inferior ao salário mínimo (Beirut Research and Innovation Centre 2013).

4.5 SEGURANÇA ALIMENTAR DOS REFUGIADOS SÍRIOS NO LÍBANO: DISPONIBILIDADE, ACESSO E ADEQUAÇÃO

4.5.1 Disponibilidade de alimentos

Os refugiados sírios registados no Líbano receberam vales de alimentação do PAM que podem ser trocados por alimentos. Esta assistência era essencial para o seu consumo alimentar e, por vezes, era complementada por alimentos frescos que os refugiados compravam por si próprios. No entanto, alguns refugiados dependiam das suas próprias compras de alimentos, em vez de recorrerem aos vales de alimentos. É necessário acompanhar de perto a tendência de compra de cada agregado familiar, em função do seu acesso económico a alimentos adequados em quantidade e qualidade. De facto, o elevado custo dos alimentos revelou-se um grande obstáculo ao acesso dos agregados familiares sírios aos alimentos no Líbano, mesmo quando estes estavam disponíveis (PAM 2013a).

Apesar de os vales de alimentação e os cartões electrónicos terem beneficiado os grossistas na obtenção de mais lucros, estes sistemas alimentares demonstraram ter um impacto negativo no mercado libanês. De facto, verificou-se um aumento notável dos preços dos produtos alimentares básicos devido a um aumento da procura destes produtos, a uma diminuição do comércio e das importações e a uma inflação nacional (SNAP 2014). Por exemplo, a insegurança alimentar na Somália não se deveu a uma escassez de alimentos, mas sim a um aumento dos preços e à incapacidade da população para comprar alimentos, tendo o preço dos cereais aumentado mais de 300% devido à elevada procura, apesar de estarem disponíveis em muitos mercados do país (Loewenberg 2011).

4.5.2 Acesso aos alimentos

De acordo com um inquérito realizado pela Premiere Urgence no Líbano, nas regiões de Beirute, Saida e Al Chouf, o desemprego era uma das principais preocupações da população de refugiados sírios, o que dificultava o seu acesso a bens alimentares. De facto, 18% dos refugiados estavam desempregados tanto antes como depois da deslocação, e 68% ficaram desempregados apenas depois da deslocação. Para além disso, os refugiados sírios referiram ganhar 15 dólares (10 libras) por dia, o que não é suficiente para satisfazer as suas necessidades alimentares semanais, pelo que dependiam frequentemente de instituições de caridade como principal fonte de rendimento para a compra de alimentos (Premiere Urgence 2012b).

Além disso, uma avaliação conjunta de emergência dos meios de subsistência entre o IRC e a Save the Children nas províncias do Norte e de Bekaa, no Líbano, mostrou que o acesso dos refugiados sírios aos alimentos era dificultado pela falta de dinheiro. De facto, os homens sírios só tinham acesso a trabalhos de construção irregulares com um rendimento de quase 10 dólares (6 libras) por dia, enquanto as mulheres tinham acesso a trabalhos agrícolas limitados com um rendimento de 7 dólares (5 libras) por dia. No entanto, devido a razões de sazonalidade, estes tipos de trabalho não eram permanentes ao longo do ano. No entanto, os sírios viam-se frequentemente a competir com os agricultores locais durante as épocas de cultivo. Assim, o rendimento mensal de um casal era insuficiente para cobrir todas as despesas, como a alimentação, a renda, a eletricidade e a água, sem assistência externa (International Rescue Committee e Save the Children 2012). Do mesmo modo, a Premiere Urgence constatou que, em Akkar, 68% dos refugiados estavam desempregados, 15% trabalhavam a tempo parcial e 17% a tempo inteiro (Premiere Urgence 2012c). Além disso, a avaliação das necessidades da World Vision realizada no sul do Líbano, nomeadamente em Saida e Tyr, mostrou que 9% dos homens sírios estavam empregados em padarias e mercados de baixo rendimento (Bizri 2013). Isto indica que a pobreza aumentou a vulnerabilidade dos refugiados sírios marginalizados à insegurança alimentar (OHCHR 1990).

4.5.3 Adequação alimentar

A maioria dos refugiados sírios costumava comer três refeições por dia no seu país, consistindo principalmente em pão, ovos, queijo e chá, para além de carne e frango uma vez por semana. As famílias mais abastadas acrescentavam a essas refeições carne processada e favas (Danish Refugee Council e World Vision Lebanon 2012). No entanto, foi demonstrado que no sul do Líbano, nomeadamente em Tyr e Saida, 46% dos sírios estavam a comer duas refeições por dia e 49% três refeições por dia (Bizri 2013), porque se fossem comer três refeições diárias, sem carne e frango, teriam de pagar cerca de 9,95 a 10,61 dólares (6 a 7 libras) por dia, o que obviamente não podiam pagar. Mesmo as famílias mais abastadas não podiam pagar mais do que 1,3 dólares (0,8 libras) por dia (Solidarites International 2013). Estes números são indicativos da incapacidade dos sírios para satisfazerem as suas necessidades nutricionais apenas através do seu trabalho. De facto, os refugiados e os deslocados internos estão altamente sujeitos à desnutrição devido à sua falta de bens e meios de subsistência (Gospodinov 2008).

Além disso, na região de Bekaa, a Avaliação Conjunta dos Agregados Familiares sobre o Projeto de Cheque-Alimentação mostrou que o principal alimento consumido pelos refugiados sírios é o pão, que sozinho constituía 21% a 35% de cada refeição, seguido dos cereais que eram consumidos durante o almoço e o jantar. No entanto, o leite e a carne não eram realmente consumidos pelas famílias, a não ser ao pequeno-almoço e ao jantar, respetivamente (Danish Refugee Council e

World Vision Lebanon 2012).

No entanto, o relatório da VASyR mostrou que 4% dos refugiados sírios no Líbano tinham um consumo alimentar deficiente, enquanto 23% estavam na categoria limite, o que significa que 27% de todas as famílias sírias eram consideradas em situação de insegurança alimentar e 73% não tinham poder de compra para adquirir alimentos. De facto, a maioria dos refugiados sírios consumia alimentos com baixo valor nutricional, como açúcar, gordura, pão e condimentos, 60% não consumiam frutas e legumes ricos em vitamina A, mas sim produtos lácteos e ovos, e 43% não consumiam carne e peixe ricos em ferro em quantidade suficiente. Este padrão de consumo alimentar colocou os agregados familiares sírios em maior risco de deficiências de micronutrientes, como a AID, nas crianças a quem se recomenda o consumo diário de frutas e legumes ricos em vitamina A e de peixe ou carne (PAM, UNICEF e ACNUR 2013).

4.6 ESTRATÉGIAS DE SOBREVIVÊNCIA ALIMENTAR

Dada a sua situação económica limitada, os agregados familiares sírios no Líbano adoptaram uma vasta gama de estratégias negativas para lidar com a alimentação. De facto, a estratégia mais comum em todo o Líbano foi a de recorrer aos alimentos mais baratos e menos preferidos (89%), seguida da redução do número de refeições e do tamanho das porções consumidas diariamente (69%), bem como da restrição do consumo alimentar dos pais para o bem dos filhos (57%). Em geral, estas estratégias de sobrevivência eram mais prevalentes entre os agregados familiares que estavam recentemente registados ou que aguardavam registo. No entanto, estes últimos não compraram alimentos a crédito devido ao facto de os bancos libaneses não lhes concederem empréstimos/créditos (PAM, UNICEF e ACNUR 2013). Para além disso, foi demonstrado que alguns outros agregados familiares enviavam os seus filhos para comer com os seus familiares diariamente para fazer face à falta de alimentos, ou mesmo não comiam de todo (UNICEF et al. 2013, PAM 2013a).

Vários estudos documentaram que os ajustes moderados na ingestão alimentar durante a crise alimentar, tais como comer menos alimentos preferidos, são estratégias de sobrevivência alimentar altamente reversíveis e não comprometem o estado nutricional das famílias vulneráveis, enquanto que as estratégias mais severas são menos susceptíveis de serem reversíveis e provocam uma insegurança alimentar das famílias a longo prazo (Maxwell, Caldwell e Langworthy 2008). Da mesma forma, tem-se argumentado que a natureza, extensão e duração das estratégias de sobrevivência alimentar adoptadas pelas famílias pobres em tempos de crise alimentar determinarão a magnitude e a gravidade do seu estado de segurança alimentar (Kimani-Murage et al. 2014).

No entanto, a assistência do PAM demonstrou diminuir essas estratégias de sobrevivência alimentar, exceto no que se refere à dependência de alimentos mais baratos e menos preferíveis. Isto deve-se ao facto de as famílias utilizarem os vales do PAM para alimentar mais pessoas e aumentar a quantidade de alimentos consumidos, em vez de consumirem alimentos mais preferidos (ACNUR 2014).

4.7 INDICADORES DO ESTADO NUTRICIONAL EM SITUAÇÕES DE EMERGÊNCIA HUMANITÁRIA

Em situações de emergência humanitária, recomenda-se geralmente que se meça a subnutrição aguda entre as crianças com idades compreendidas entre os 6 e os 59 meses, uma vez que é indicativa de infecções e/ou de quaisquer alterações recentes no consumo alimentar. Além disso, a medição da subnutrição aguda serve de indicador do estado nutricional de toda a população afetada. Os resultados desta medição são geralmente utilizados para determinar se é necessária uma intervenção específica, como a alimentação selectiva ou a distribuição de alimentos, para identificar a população em maior risco e para melhorar a eficácia da distribuição de alimentos (ACNUR e PAM 2011).

Nas crianças, a desnutrição aguda pode ser avaliada através de diferentes indicadores:

- MUAC: medido utilizando uma fita padrão que é enrolada à volta do meio do braço esquerdo superior, e registado em centímetros. É mais comummente utilizado durante a admissão de crianças em programas de alimentação (Hamza 2014). A OMS classificou a desnutrição com base nas medições do MUAC em crianças com idades compreendidas entre os 6 e os 59 meses (Hamza 2014, ACNUR e PAM 2011, OMS e UNICEF 2009):
    - Desnutrição grave < 11,5 cm
    - Desnutrição moderada > 11,5 cm e <12,5 cm
    - Em risco de desnutrição > 12,5 cm e <13,5 cm
- Peso por altura: índice nutricional mais utilizado nos inquéritos nutricionais e que reflecte as condições recentes das crianças mais vulneráveis do ponto de vista nutricional. É também utilizado como um dos critérios para programas de alimentação selectiva (OMS 2006).
- Edema de Pitting Bilateral: indicativo de edema nutricional infantil se uma pressão do polegar em ambos os pés durante três segundos deixar uma impressão superficial. É considerado um dos mais importantes sinais clínicos de SAM (ACNUR e PAM 2011).

Nos adultos, o IMC e o MUAC podem ser utilizados para a avaliação da subnutrição aguda, uma vez que o MUAC também pode ser utilizado para direcionar as intervenções para as mulheres grávidas que estão em risco de ter um mau parto:

- IMC: é uma das medidas da gordura corporal, tendo em conta o peso e a altura. A subnutrição dos adultos é classificada com base em diferentes IMC (UNSCN e IFPRI 2000, OMS 1999):

- IMC < 16 kg/m^2: insuficiência ponderal grave
- IMC 16,0 - 16,99 kg/m^2: peso insuficiente moderado
- IMC 17,0 - 18,49 kg/m^2: baixo peso ligeiro
- IMC 18,50 - 24,99 kg/m^2: peso normal
- IMC > 25 kg/m^2: excesso de peso

- MUAC: medida básica utilizada para classificar a subnutrição em mulheres em idade reprodutiva (Manual do Projeto Esfera 2011):

  - Desnutrição grave < 21 cm
  - Desnutrição moderada > 21 cm e < 23 cm
  - Desnutrição global < 23 cm

Por outro lado, a fim de avaliar a gravidade da crise nutricional, são sugeridos três indicadores principais com base nos critérios da OMS:

- Prevalência de GAM: medida mais importante do estado nutricional em situações de emergência humanitária. É considerada aceitável quando afecta menos de 5% da população estudada, e grave quando afecta 10% da mesma população.
- Anemia: avaliada através da medição da hemoglobina.
- Desnutrição crónica: avaliada com base na altura para a idade.

Estes indicadores estão muito difundidos, ajudam a descrever os principais problemas nutricionais e apresentam um elevado nível de exatidão e precisão nos inquéritos nutricionais de rotina (ACNUR 2011). A prevalência de perda de peso, atraso de crescimento e anemia em crianças com menos de 5 anos reflecte a gravidade de uma crise com base nos critérios de classificação da OMS (Quadro 4.1).

Quadro 4.1 Indicadores selecionados de importância para a saúde pública em crianças com menos de 5 anos com base na classificação da OMS (OMS 1995, OMS 2000b)

Prevalence (%)	Critical	Serious	Poor	Acceptable
Wasting	≥ 15	10-14	5-9	< 5
Stunting	≥ 40	30-39	20-29	<20
Anaemia	≥ 40	Medium: 20-40		5-20

No entanto, o ACNUR utiliza critérios de classificação mais simplificados, baseados na OMS, para definir e identificar a natureza e a magnitude do problema e as potenciais intervenções numa população de interesse, respetivamente (Quadro 4.2).

Tabela 4.2 Classificação simples da gravidade do GAM, da anemia e do atraso de crescimento entre os refugiados (ACNUR 2011)

Prevalence (%)	High		Medium	Low
GAM	≥ 15 Critical	10-14 Serious	5-9	< 5
Anaemia < 5	≥ 40		20-39	5-19
Stunting	≥ 30		20-29	< 20

Em 2013, o estado nutricional de todos os refugiados sírios no Líbano foi examinado através de uma avaliação nutricional conjunta entre a UNICEF Líbano, o ACNUR, o PAM, a OMS e o IOCC, nos quatro estratos geográficos da ONU: Norte do Líbano, Beirute e Monte Líbano, Bekaa e Sul do Líbano. Grupos etários específicos, nomeadamente crianças com menos de 5 anos e mulheres em idade reprodutiva, foram avaliados em termos de subnutrição e anemia. Os resultados das secções seguintes (4.7.1 a 4.8) foram baseados nesta avaliação conjunta da nutrição (Hamza 2014).

4.7.1 Prevalência de desnutrição aguda e crónica em crianças com idades compreendidas entre os 6 e os 59 meses

4.7.1.1 Prevalência de desnutrição aguda

Os resultados do relatório de avaliação conjunta revelaram que a prevalência de GAM entre as crianças sírias refugiadas com idades compreendidas entre os 6 e os 59 meses em todo o Líbano era de 2,2%, dividida da seguinte forma: 4,5% em Bekaa, 3,9% no Norte, 0,3% no Sul e 0,5% em Beirute e no Monte Líbano.

Em conformidade com a classificação da OMS, uma prevalência de 2,2% de GAM em crianças com idades compreendidas entre os 6 e os 59 meses foi, neste caso, considerada baixa e dentro de níveis aceitáveis, uma vez que era inferior a 5%. O relatório também observou que a prevalência de GAM aumentou 1,5% no ano de 2013 em comparação com 2012, mas ainda não é estatisticamente significativa. No entanto, as crianças com GAM têm de ser monitorizadas, especialmente as de Bekaa, onde a prevalência de GAM foi a mais elevada, e o edema esteve presente em todos os casos de SAM (Hamza 2014). A título de comparação, a desnutrição grave está associada a um maior risco de morte do que a desnutrição moderada em crianças com menos de 5 anos de idade (ACNUR et al. 2011).

Além disso, os resultados mostraram que a desnutrição moderada e grave em todo o Líbano, especialmente em Bekaa, no Norte e no Sul, afectou sobretudo as crianças mais novas, com idades compreendidas entre os 6 e os 11 meses e entre os 24 e os 35 meses, o que implica práticas deficientes de cuidados infantis para a promoção do crescimento (Hamza 2014).

4.7.1.2 Prevalência de desnutrição crónica

Com base nos resultados do relatório conjunto de avaliação nutricional, a desnutrição crónica entre as crianças sírias refugiadas com idades compreendidas entre os 6 e os 59 meses era de 18,6% em todo o Líbano, com 14,1% em Beirute e no Monte Líbano e 21,1% em Bekaa. Esta prevalência foi considerada baixa em conformidade com as normas de crescimento infantil da OMS de 2006. No entanto, estes valores de atraso de crescimento foram mais elevados do que os obtidos no ano anterior (18,6% no ano de 2013 vs. 12,2% no ano de 2012), possivelmente porque o ano de 2013 acolheu um maior número de refugiados em comparação com o ano de 2012.

Por grupo etário, a subnutrição crónica prevalecia sobretudo nas crianças mais novas, com idades compreendidas entre os 6 e os 11 meses, e entre os 24 e os 47 meses em todo o Líbano. No entanto, a subnutrição crónica só afectava as crianças com idades compreendidas entre os 6 e os 11 meses em Bekaa e no Sul.

No que respeita ao baixo peso, menos de 10% de todas as crianças sírias refugiadas foram afectadas em todo o Líbano, o que era aceitável em conformidade com a classificação da OMS, indicando um crescimento global positivo das crianças (Hamza 2014). No entanto, o atraso de crescimento e o peso insuficiente devem ser interpretados com mais cautela, uma vez que houve imprecisões no registo de nascimento entre os refugiados sírios, o que obrigou a avaliação conjunta a basear-se no calendário de eventos. De facto, são necessárias idades exactas tanto para a altura para a idade como para o peso para a idade.

No entanto, alguns factores agravantes demonstraram ter potencial para piorar a situação no futuro, tais como o aumento do número de recém-chegados, o inverno rigoroso, as más condições de vida da maioria dos refugiados, a deterioração do estatuto socioeconómico, a imunização e a alimentação insuficientes entre as famílias e/ou as crianças (Hamza 2014, UNICEF et al. 2013).

4.7.2 Prevalência de anemia em crianças com idades compreendidas entre os 6 e os 59 meses

A anemia resulta de um nível reduzido de Hb no sangue, tornando-o incapaz de transportar oxigénio de forma adequada para o corpo. A anemia nas crianças é um problema de saúde pública a nível mundial, podendo atingir 70% em alguns países (OMS 2005). A anemia grave é considerada a principal causa de morte na África Subsariana, especialmente em crianças com menos de 5 anos de idade (Phiri et al. 2008). Dado que o ferro é essencial para a síntese de Hb, a ADF é uma perturbação nutricional muito comum entre as crianças pobres e as mulheres grávidas, que são consideradas vulneráveis (OMS, UNICEF e Universidade das Nações Unidas 2001). Outras causas de anemia incluem infecções como a malária (Menendez, Fleming e Alonso 2000), o VIH (OMS 2005), medicamentos como os antibióticos (Knox-Macaulay 1992) e deficiências de micronutrientes como o ácido fólico, as vitaminas A e B12 e o ferro (Villamor e Fawzi 2000).

Nas crianças, a deficiência de ferro resulta num desenvolvimento cognitivo deficiente, numa diminuição dos mecanismos imunitários e num aumento das taxas de morbilidade. Desenvolve-se principalmente após os 6 meses de idade, nos casos em que os alimentos complementares não fornecem ferro absorvível adequado ao bebé (OMS, UNICEF e Universidade das Nações Unidas 2001).

É essencial obter dados sobre a prevalência da anemia e informações sobre a carência de ferro em situações de emergência e, subsequentemente, estabelecer uma base de dados para monitorização futura. Na avaliação conjunta, foram recolhidas amostras de sangue capilar das pontas dos dedos das crianças utilizando um HemoClue Hb 301 portátil, e os resultados foram registados com a precisão de um grama por decilitro.

Os resultados mostraram que a prevalência de anemia entre as crianças sírias refugiadas com idades compreendidas entre os 6 e os 59 meses em todo o Líbano era de 21,0%. A prevalência mais elevada foi registada no Norte (25,8%), seguida do Sul (23,4%), de Beirute e do Monte Líbano (21,2%) e, por último, de Bekaa (13,9%). Além disso, por grupo etário, 31,5% de todas as crianças afectadas pela anemia em todo o Líbano tinham idades compreendidas entre os 6 e os 23 meses, com a prevalência mais elevada no Norte (42,9%), seguido do Sul (30,8%), de Beirute e do Monte Líbano (27,7%) e, por último, de Bekaa (24,1%).

Em conformidade com a classificação de anemia da OMS, uma prevalência de 21,0% de anemia em crianças com idades compreendidas entre os 6 e os 59 meses neste caso, juntamente com uma taxa de GAM de 2,2%, era aceitável, uma vez que se enquadrava no intervalo de importância moderada para a saúde pública. Assim, a suplementação de micronutrientes não foi necessária neste caso (Hamza 2014).

Do mesmo modo, a situação nutricional na Jordânia ilustrava resultados comparáveis. De facto, de acordo com a classificação da OMS, a prevalência de GAM entre as crianças refugiadas era baixa e o z-score médio de peso por altura era elevado, indicando que as crianças sírias refugiadas tinham um ligeiro excesso de peso. Além disso, a prevalência de atraso de crescimento era também aceitável, em conformidade com as normas de crescimento infantil da OMS de 2006. No entanto, os resultados da anemia eram significativos em termos de saúde pública, uma vez que excediam largamente a classificação da OMS. Isto é indicativo de uma prevalência relativamente baixa de GAM entre os refugiados sírios na Jordânia, ao contrário de muitas outras situações de emergência, devido ao facto de a UNICEF ter intervenções de alimentação em curso para bebés e crianças, e de o PAM ter uma distribuição geral adequada de vales de alimentação (Bilukha et al. 2014).

4.7.3 Morbilidade infantil

Existe uma forte relação entre doença e nutrição. De facto, a subnutrição infantil pode ser agravada por infecções subclínicas persistentes ou por episódios repetidos de infecções. Por outras palavras, as necessidades nutricionais das crianças aumentam durante as infecções, o seu apetite é suprimido e a sua imunidade torna-se baixa, o que, por sua vez, as torna mais propensas a infecções (Katona e Katona-Apte 2008). Do mesmo modo, episódios recorrentes de diarreia, vermes intestinais e nemátodos, e enteropatias podem afetar substancialmente a absorção de nutrientes e suprimir o apetite, conduzindo frequentemente à subnutrição e ao atraso de crescimento (UNICEF 2013).

Por exemplo, a diarreia entre as crianças sírias refugiadas no Líbano estava relacionada com más práticas de higiene e com a qualidade e quantidade inadequadas da água. De facto, os resultados da avaliação conjunta mostraram que a maior prevalência de diarreia entre as crianças sírias refugiadas foi registada no Norte do Líbano, onde os episódios de diarreia duraram em média seis dias, e a menor prevalência foi registada em Beirute e no Monte Líbano. Além disso, o relatório salientou que os resultados actuais eram inferiores aos do ano anterior (2012) devido ao facto de a avaliação de 2012 ter sido realizada em setembro, altura em que as taxas de diarreia atingem os seus picos (24,9% no ano de 2013 contra 40,2% no ano de 2012). Assim, a morbilidade infantil é um dos factores de risco susceptíveis de afetar negativamente o estado nutricional das crianças sírias refugiadas no Líbano (Hamza 2014).

4.7.4 Indicadores IYCF

Os resultados da avaliação conjunta revelaram que, entre todos os refugiados sírios em todo o Líbano, a prevalência de crianças com idades compreendidas entre os 0 e os 23 meses que foram amamentadas foi de 85%, das quais 25% foram amamentadas exclusivamente, a prevalência de crianças com idades compreendidas entre os 0 e os 23 meses que receberam biberão foi de 35% e a prevalência de mães que começaram a amamentar logo após o parto foi de 60%. Além disso, os resultados mostraram que a prevalência de crianças com idades compreendidas entre os 0 e os 23 meses que foram amamentadas durante todo o primeiro ano de idade foi de 50%, e a das que foram amamentadas até ao segundo ano de idade foi de 20-33%. No entanto, dado que a prevalência da desnutrição aguda está ligada aos indicadores IYCF, foi efectuada uma análise da ligação entre a desnutrição aguda, a introdução de alimentos complementares e a duração da alimentação com biberão, mas não mostrou qualquer significado estatístico devido ao facto de os indicadores estarem relacionados com um pequeno intervalo de idade e a prevalência de crianças com desnutrição aguda não ser muito elevada (Hamza 2014).

Uma boa nutrição, por si só, não é suficiente para um estado nutricional ótimo, se as práticas relacionadas com os cuidados infantis continuarem a ser deficientes. De facto, foi demonstrado que algumas crianças com segurança alimentar ainda estavam subnutridas devido a práticas de cuidados deficientes, tais como práticas de alimentação e higiene infantil. Estes factores têm um impacto direto na ingestão de nutrientes e na presença de doenças, porque a subnutrição e as infecções, quando combinadas, conduzem frequentemente a um ciclo interminável de doenças e à deterioração do estado nutricional (UNICEF 2013). Além disso, as práticas ideais de IYCF são cumpridas quando a criança é amamentada exclusivamente na primeira hora após o nascimento, até o primeiro ou segundo anos de idade, com a introdução de alimentos macios, semi-sólidos e sólidos apropriados para a idade após o 6º mês de idade. Isto tem o potencial de evitar quase um quinto das mortes de crianças com menos de cinco anos (Jones et al. 2003). Práticas óptimas de amamentação melhoram o desenvolvimento do cérebro (Kramer et al. 2008) e previnem a ocorrência de doenças cardiovasculares, embora ainda não esteja claro se isto é aplicável em contextos de baixo e médio rendimento (Fall et al. 2011).

4.7.5 Prevalência de desnutrição em mulheres com idades compreendidas entre os 15 e os 49 anos

Os resultados da avaliação conjunta também mostraram que a prevalência da desnutrição entre as mulheres refugiadas sírias em todo o Líbano, com base nas medições de MUAC, foi semelhante ao ano anterior (2012). De facto, havia 5% de mulheres sírias subnutridas com idades compreendidas entre os 15 e os 49 anos com uma medida MUAC <23 cm, entre as quais 1% estavam gravemente subnutridas com uma medida MUAC <21 cm. A prevalência mais elevada de desnutrição entre o mesmo grupo etário foi registada no Norte e no Sul.

Além disso, as mulheres com menos de 35 anos constituíam a maioria das mulheres subnutridas em todo o Líbano (75%), exceto no estrato de Beirute e do Monte Líbano, onde a maioria tinha entre 15 e 19 anos (36%) (Hamza 2014).

Foram registados resultados semelhantes no Sudão do Sul devido à distribuição de alimentos dentro do agregado familiar. De facto, foi demonstrado que as mulheres subnutridas atribuíam a sua porção completa de refeição aos seus filhos, especialmente em tempos de escassez de alimentos. A prioridade dada às crianças afectou negativamente o estado nutricional das mulheres grávidas e lactantes em particular, uma vez que estas se tornaram mais vulneráveis à ingestão inadequada de alimentos (Paul et al. 2014). Isto permitiu supor que a estratégia de sobrevivência negativa de restringir o consumo de alimentos dos pais para o bem dos filhos, adoptada pelas famílias sírias no Líbano, levou a estes números de prevalência de desnutrição entre as mulheres refugiadas. Isto, por sua vez, pode afetar negativamente as reservas de gordura corporal essenciais para suportar a lactação.

4.7.6 Prevalência de anemia em mulheres não grávidas com idades compreendidas entre os 15 e os 49 anos

Com base nos resultados do relatório de avaliação conjunta, 26,1% de todas as mulheres sírias não grávidas em idade reprodutiva (15-49 anos) eram anémicas em todo o Líbano. A prevalência mais elevada foi registada em Beirute e no Monte Líbano (29,3%), seguindo-se o Norte (27,7%), o Sul (27,0%) e, por último, Bekaa (18,4%).

Em conformidade com a classificação de anemia da OMS, uma prevalência de 26,1% de anemia neste caso era aceitável, uma vez que se enquadrava no intervalo de importância moderada para a saúde pública. Assim, a suplementação de micronutrientes não era necessária neste caso (Hamza 2014). No entanto, as necessidades nutricionais das mulheres em idade reprodutiva devem ser reforçadas, devido à forte relação entre a nutrição das mulheres e a anemia infantil (UNHCR et al. 2013).

4.8 INDICADORES DE LAVAGEM

Com base na avaliação nutricional conjunta efectuada pela UNICEF Líbano, era essencial realizar um módulo de WASH, porque estes componentes têm efeitos substanciais na saúde geral e no estado nutricional dos grupos vulneráveis. Por exemplo, a higiene deve ser melhorada através da prática da lavagem correta das mãos, o que, por sua vez, reduz as doenças diarreicas (ACNUR et al. 2011).

Os resultados do programa WASH mostraram que a percentagem de agregados familiares sírios que estavam satisfeitos com as suas fontes de água potável era superior a 60%, 75% dos quais eram residentes em Beirute e no Monte Líbano. Este facto permitiu presumir que as famílias tinham mais probabilidades de beber água limpa. No entanto, aqueles que estavam insatisfeitos com o abastecimento de água levantaram preocupações sobre a má qualidade da água, seu alto custo e sua insuficiência para uso pessoal (Hamza 2014). De facto, a contaminação da água pode ocorrer a nível doméstico, mas também é mais provável que esteja presente em recipientes abertos em comparação com os de gargalo estreito. Além disso, as mãos não lavadas que entram em contacto com a água ao retirá-la do recipiente podem ser uma fonte de contaminação da água. Assim, pode presumir-se que a partilha de recursos hídricos com os refugiados recém-chegados pode diminuir a quantidade de água que pode ser utilizada para uso pessoal (ACNUR et al. 2011).

Quanto ao saneamento das casas de banho, os resultados mostraram que os agregados familiares que utilizavam uma instalação sanitária melhorada eram 77,5%, os que utilizavam uma casa de banho familiar partilhada eram 14% e os que utilizavam uma casa de banho comunitária eram 16,4% (Hamza 2014). De facto, é difícil manter limpas as latrinas comunitárias que são partilhadas por mais do que um agregado familiar. É mais conveniente que cada família tenha a sua própria casa de banho não partilhada, ou partilhada com apenas uma família, porque é mais fácil mantê-la limpa. No entanto, uma rota de limpeza continua a ser essencial no caso das casas de banho partilhadas (ACNUR et al. 2011).

Além disso, os agregados familiares que deitavam as fezes das crianças pequenas no lixo eram 92,8%. No entanto, a diferença entre deitar as fezes diretamente no lixo ou a fralda diretamente no lixo não era clara, pelo que o número dos que deitavam as fezes diretamente no lixo poderia ser maior, indicando más práticas de higiene (Hamza 2014). É particularmente importante eliminar as fezes das crianças de forma segura, seja por meio de eliminação num saneamento seguro ou enterrando, porque a contaminação fecal é mais provavelmente causada por fezes de crianças no ambiente doméstico imediato (UNHCR et al. 2011).

Além disso, o sabão e/ou os produtos de higiene estavam acessíveis a 59,5% dos agregados familiares sírios em todo o Líbano, dos quais 62% em Bekaa e 67,6% no Norte. A falta de sabão pode, de facto, ser um fator que contribui para a elevada prevalência de casos de diarreia entre as crianças sírias refugiadas no Norte do Líbano, afectando assim negativamente o seu estado nutricional.

A avaliação conjunta também analisou a relação entre o abastecimento de água potável, o tipo de casa de banho utilizada e a desnutrição aguda, mostrando que não há relação entre a satisfação com o abastecimento de água potável e o tipo de casa de banho utilizada ou a prevalência de diarreia, mas há uma relação significativa entre o tipo de casa de banho utilizada e a prevalência de diarreia (Hamza 2014).

4.9 CONCLUSÃO

Este capítulo analisa os resultados da análise documental relacionados com o estado nutricional dos refugiados sírios no Líbano sob diferentes temas-chave. O capítulo seguinte sintetizará as questões-chave que foram identificadas, em relação ao objetivo inicial, e proporá um conjunto de recomendações aos profissionais e aos decisores políticos para uma gestão nutricional eficaz.

5.0 CONCLUSÕES E RECOMENDAÇÕES

5.1 INTRODUÇÃO

Este capítulo tem como objetivo resumir as questões-chave que foram identificadas neste projeto de investigação, à luz do objetivo original e dos objectivos. Além disso, será apresentado um conjunto de recomendações para os profissionais da nutrição e da segurança alimentar e para os decisores políticos, com vista a uma melhor gestão nutricional e à segurança alimentar a longo prazo dos refugiados sírios no Líbano.

Por conseguinte, é talvez essencial reafirmar o objetivo e os objectivos deste projeto de investigação. De facto, o objetivo deste estudo era examinar criticamente o estado nutricional dos refugiados sírios que vivem no Líbano, especialmente os grupos vulneráveis, tais como as crianças, as mulheres grávidas e lactantes, e, por conseguinte, fazer recomendações aos profissionais e aos decisores políticos para uma gestão nutricional eficaz. Assim, nas secções seguintes, todos os objectivos foram respondidos de forma a atingir o objetivo original, através de dados secundários previamente mencionados no capítulo três.

5.1.1 Estimar a prevalência da desnutrição aguda e crónica (emaciação e atraso de crescimento), juntamente com a anemia entre as crianças sírias refugiadas no Líbano

Esta investigação identificou que a prevalência de GAM e de desnutrição crónica entre as crianças sírias refugiadas com idades compreendidas entre os 6 e os 59 meses em todo o Líbano era de 2,2% e 18,6%, respetivamente, o que foi considerado aceitável de acordo com a classificação da OMS. Além disso, menos de 10% de todas as crianças sírias refugiadas tinham peso a menos, o que indica um crescimento global positivo das crianças. No entanto, alguns factores agravantes demonstraram ter potencial para piorar a situação no futuro, tais como o aumento do número de recém-chegados, o inverno rigoroso, as más condições de vida, a deterioração do estatuto socioeconómico e as práticas de imunização e de alimentação insuficientes entre os agregados familiares. Além disso, a prevalência de anemia entre as crianças foi de 21,0% em todo o Líbano, juntamente com uma taxa de GAM de 2,2%, que foi considerada aceitável, uma vez que se enquadrava na gama de importância moderada para a saúde pública.

5.1.2 Estimar a prevalência de malnutrição e anemia entre as mulheres sírias refugiadas em idade reprodutiva

A prevalência de subnutrição entre as mulheres refugiadas sírias com idades compreendidas entre os 15 e os 49 anos foi de 5% em todo o Líbano, com uma medida de MUAC <23 cm, entre as quais

1% estavam gravemente subnutridas com uma medida de MUAC <21 cm. A maior prevalência de desnutrição entre o mesmo grupo etário foi registada no Norte e no Sul. Além disso, a prevalência de anemia foi de 26,1%, o que é aceitável, uma vez que se enquadra no âmbito da importância moderada para a saúde pública.

5.1.3 Analisar as fontes de alimentação e os rendimentos dos agregados familiares, bem como a situação de segurança alimentar dos refugiados

A investigação revelou que a maioria dos refugiados sírios no Líbano dependia do emprego como principal fonte de subsistência, principalmente sob a forma de trabalho ocasional não agrícola e de trabalho qualificado, seguido de vales de alimentação do PAM, empréstimos e créditos. No entanto, apenas os refugiados registados receberam assistência formal e acesso ao programa de vales. Os cartões electrónicos assumiram a forma de rações alimentares que podem ser trocadas por alimentos à sua escolha, o que permite satisfazer o consumo individual e as necessidades nutricionais.

No entanto, apesar da assistência alimentar do PAM e da disponibilidade de alimentos no mercado local, o elevado custo dos alimentos revelou-se um grande obstáculo ao acesso dos agregados familiares sírios à alimentação, devido à elevada procura de produtos alimentares de base, à diminuição do comércio e das importações e à inflação nacional. Além disso, o acesso dos refugiados sírios à alimentação foi dificultado pela falta de dinheiro e pelo desemprego, sendo o rendimento mensal de um casal insuficiente para cobrir todas as despesas, incluindo a alimentação. Além disso, 27% de todas as famílias sírias no Líbano foram consideradas em situação de insegurança alimentar, devido ao seu consumo de alimentos de baixo valor nutricional, o que, por sua vez, as coloca em maior risco de deficiências de micronutrientes.

5.1.4 Investigar os factores subjacentes susceptíveis de afetar o bem-estar nutricional dos refugiados

O estatuto jurídico limitado dos refugiados sírios no Líbano afectou substancialmente os seus direitos básicos de receber proteção e assistência, incluindo o registo no ACNUR e a assistência alimentar. Assim, os refugiados sírios com estatuto jurídico limitado não foram incluídos no programa de assistência alimentar do PAM, o que conduziu frequentemente a um risco de insegurança alimentar das famílias. Além disso, a situação de abrigo informal dos refugiados conduziu a um aumento das doenças infecciosas e contagiosas, susceptíveis de comprometer o estado nutricional da população afetada. Além disso, as estratégias negativas de sobrevivência alimentar adoptadas pelas famílias vulneráveis comprometeram ainda mais o seu estado nutricional. Além disso, as más práticas de higiene, juntamente com a inadequação da qualidade e da quantidade de água entre as crianças sírias refugiadas, conduziram a casos de diarreia entre as crianças. Além disso, apenas 25% das crianças com idades entre os 0 e os 23 meses foram amamentadas exclusivamente, o que implica más práticas de alimentação infantil que têm um impacto direto na ingestão de nutrientes e na presença de doenças.

5.2 LIMITAÇÕES DA INVESTIGAÇÃO

Para apreciar o rigor deste projeto de investigação e reconhecer as dificuldades encontradas na interpretação dos resultados, é essencial apresentar algumas das suas limitações (Simon e Goes 2011). De facto, a última avaliação nutricional dos refugiados sírios realizada no Líbano foi em 2013, o que implica que a situação nutricional global pode ter mudado nos últimos dois anos. Além disso, a mesma avaliação não teve em conta o estado nutricional dos homens, baseou-se no calendário de eventos devido a imprecisões no registo de nascimentos entre as crianças com idades compreendidas entre os 6 e os 59 meses, e excluiu agregados familiares não registados, o que teria sido mais benéfico se tratado com cautela.

5.3 RECOMENDAÇÕES AOS PROFISSIONAIS E RESPONSÁVEIS POLÍTICOS

À luz do debate, foram consideradas necessárias algumas recomendações:

- Aceitar o registo do ACNUR como documentação alternativa dos refugiados sírios, para que sejam considerados legais ao abrigo da legislação libanesa e identificados pelas autoridades locais, a fim de garantir que os refugiados sírios com estatuto legal limitado possam circular livremente em todo o Líbano, ter acesso à justiça, aos serviços e à assistência alimentar, o que, por sua vez, os ajudará a satisfazer as suas necessidades básicas.
- Criação de um sistema de registo descentralizado, especialmente em zonas com maior número de postos de controlo ad hoc, como o Norte, Bekaa e o Sul, ou alguns registos poderiam ter lugar antes dos postos de controlo nessas zonas, a fim de garantir que os refugiados sírios se tornem legais e, subsequentemente, cumpram os seus direitos básicos de proteção e assistência, incluindo alimentação.
- Reforçar os serviços dos intervenientes humanitários, incluindo o ACNUR, nas zonas onde a circulação dos refugiados é limitada, assegurando o acesso a serviços básicos, como a alimentação, com base nas necessidades humanitárias e não no estatuto de registo.
- Melhorar a assistência alimentar do PAM através da inclusão de artigos não alimentares para a preparação e consumo de alimentos, tais como combustível para aquecimento e para cozinhar, para um melhor consumo de alimentos.
- Facilitar o acesso dos refugiados sírios vulneráveis a actividades geradoras de rendimentos,

fornecendo-lhes orientação e aconselhamento sobre o mercado de trabalho e as oportunidades de emprego, empréstimos e subvenções a trabalhadores qualificados desempregados para que possam criar a sua própria empresa, bem como programas de subsistência para agregados familiares chefiados por mulheres, a fim de ajudar a aumentar o poder de compra dos agregados familiares vulneráveis no que respeita a produtos alimentares de base, melhorando assim a sua situação de segurança alimentar.

- Distribuir assistência alimentar em dinheiro e/ou em vales, a fim de garantir que todos os refugiados sírios vulneráveis, incluindo os não registados, possam satisfazer as suas necessidades de sobrevivência, uma vez que esta modalidade foi documentada como sendo a preferida de muitos refugiados.
- Conceder subsídios temporários de arrendamento, especialmente aos recém-chegados, para que possam comprar mais alimentos, dada a sua situação económica limitada.
- Fornecimento de alimentos complementares fortificados a crianças com idades compreendidas entre os 6 e os 23 meses, especialmente nas zonas onde se verifica a maior prevalência de desnutrição aguda e crónica: Norte, Bekaa e Sul.
- Fornecimento de alimentos básicos fortificados com ferro, como o pão, dado que este último é o alimento mais consumido pelos refugiados, a fim de diminuir a prevalência de anemia por deficiência de ferro entre as crianças e as mulheres afectadas.
- Fornecer alimentos com elevado teor de ferro, como produtos à base de carne, juntamente com alimentos com elevado teor de vitamina C, como frutos e legumes, para promover ainda mais a absorção do ferro.
- Aumentar a sensibilização para práticas adequadas de aleitamento materno e alimentação complementar por parte das ONG, dos cuidados de saúde primários e de outros serviços governamentais, juntamente com a exploração de algumas opções de diversificação da dieta, para um crescimento e uma nutrição óptimos das crianças.
- Fornecer apoio alimentar e de subsistência adequado às famílias, a fim de garantir uma ingestão alimentar adequada aos grupos vulneráveis, como as crianças e as mulheres, e, subsequentemente, promover uma saúde e uma nutrição óptimas.
- Implementação de programas de suplementação alimentar na gravidez e na lactação, a partir do segundo trimestre e até seis meses após o parto, respetivamente, juntamente com a abordagem de questões gerais de saúde e nutrição materna, como a importância da suplementação de micronutrientes e a segurança alimentar do agregado familiar.

- Intensificar as actividades que promovem o saneamento e a higiene, tais como a eliminação adequada das fezes das crianças e a lavagem adequada das mãos com sabão, para ajudar a reduzir os casos de diarreia susceptíveis de comprometer o estado nutricional das crianças pequenas.
- Assegurar a distribuição mensal de sabão adequado às famílias sírias para melhorar a higiene e o estado nutricional.
- Revisão da rede de distribuição de água, a fim de garantir o abastecimento e o acesso adequados a todos os agregados familiares sírios, juntamente com um controlo contínuo da qualidade da água através de uma cloração eficaz, para reduzir os casos de diarreia e melhorar o estado nutricional da população refugiada.

REFERÊNCIAS

Abu-Saad, K. e Fraser, D. (2010) "Maternal Nutrition and Birth Outcomes". *Epidemiologic Reviews* 32 (1), 5-25

Amnistia Internacional (2014) *Agonizing Choices: Syrian Refugees in Need of Health Care in Lebanon [Refugiados sírios que precisam de cuidados de saúde no Líbano]*. Londres: Amnistia Internacional

Anderson, C. (2010) "Presenting and Evaluating Qualitative Research" (Apresentar e avaliar a investigação qualitativa*). Jornal Americano de Educação Farmacêutica* 74 (8), 1-7

Aranki, D. e Kalis, O. (2014) *Limited Legal Status for Refugees from Syria in Lebanon.* Lebanon: Forced Migration Review

Babbie, E. R. (1992) *The Practice of Social Research.* Belmont: Wadsworth Publishing Company

Beirut Research and Innovation Centre (2013) *Survey on the Livelihoods of Syrian Refugees in Lebanon (Inquérito sobre os meios de subsistência dos refugiados sírios no Líbano).* Beirute: OXFAM

Bekhet, A. K. e Zauszniewski, J. A. (2010) "Triangulação metodológica: An Approach to Understanding Data" [Triangulação metodológica: uma abordagem para compreender os dados]. *Nurse Researcher* 20 (2), 40-43

Bilukha, O., Jayasekaran, D., Burton, A., Faender, G., King'ori, J., Amiri, M., Jessen, D., e Leidman, E. (2014) *Nutritional Status of Women and Child Refugees from Syria - Jordan*: Centres for Disease Control and Prevention

Bird, J. (2014) *Malnutrition in Vulnerable Refugee Populations: Report on Syria* [em linha] disponível em< http://www.dsm.com/campaigns/talkingnutrition/en US/talkingnutrition-dsm-com/2014/07/malnutrition in vulnerable refugess syria conflict.html> [17 de abril de 2015]

Bizri, R. (2013) *Syrian Refugees in South Lebanon: Saida and Tyr Caza.* Lebanon: World Vision

Blaxter, L., Hughes, C., e Tight, M. (2010) *How to Research.* 4th edn. Maidenhead: Maidenhead: McGraw-Hill Education

Blossner, M. e de Onis, M. (2005) *Malnutrition: Quantifying the Health Impact at National and Local Levels (Quantificação do Impacto na Saúde a Nível Nacional e Local*). Genebra: Organização Mundial de Saúde

Blumberg, B., Cooper, D. R., e Schindler, P. S. (2008) *Business Research Methods.* 2ª ed. europeia. edn. Londres: Londres: McGraw-Hill Higher Education

Brooten, J. e Ogola, L. (2002) *Anthropometric Nutrition Survey: Crianças com menos de cinco anos de idade*. Sudão do Sul: Ação contra a Fome

Bryman, A. e Bell, E. (2003) *Business Research Methods.* 1st edn. Oxford: Oxford University Press

Bryman, A. e Burgess, R. G. (1994) *Aanalyzing Qualitative Data.* 1st edn. London: Routledge

Burgess, R. G. (1993) *Research Methods.* Walton-on-Thames: Nelson

Cassell, C. e Symon, G. (2004) *Essential Guide to Qualitative Methods in Organizational Research.* London: Londres: Sage

Clark, H. e Guterres, A. (2015) *Plano Regional para os Refugiados e a Resiliência 2015-2016: In Response to the Syrian Crisis.* Líbano: Nações Unidas

Cohen, L., Manion, L., e Morrison, K. (2000) *Research Methods in Education.* 5th edn. Londres: Routl edgeF almer

Collis, J. e Hussey, R. (2003) *Business Research: A Practical Guide for Undergraduate and Postgraduate Students.* 2nd edn. Basingstoke: Palgrave Macmillan

Cotula, L. e Vidar, M. (2002) *The Right to Adequate Food in Emergencies.* Rome: Organização das Nações Unidas para a Alimentação e a Agricultura

Crossan, F. (2003) 'Research Philosophy: Towards an Understanding". *Enfermeiro Investigador* 11 (1), 4655

Conselho Dinamarquês para os Refugiados e World Vision Lebanon (2012) *Joint Household Assessment: Projeto de Cheque-Alimentação Bekaa.* Líbano: Daleel Madani

Davey-Smith, G. (2000) 'Learning to Live with Complexity: Ethnicity, Socioeconomic Position, and Health in Britain and the United States". *American Journal of Public Health* 90 (11), 16941698

Davey-Smith, G. e Brunner, E. (1997) 'Socio-Economic Differentials in Health: The Role of Nutrition". *Actas da Sociedade de Nutrição* 56, 75-90

Deardorff, S. (2009) *How Long is Too Long? Questionando a legalidade dos acampamentos de longa duração através de uma perspetiva de direitos humanos.* Tese ou dissertação de mestrado [online]. Oxford: Universidade de Oxford

Dey, I. (1993) *Qualitative Data Analysis: A User-Friendly Guide for Social Scientists.* London: Routledge

Dick, S. (2003) 'Changing the Equation: Refugees as Valuable Resources rather than Helpless Victims" (Os refugiados como recursos valiosos e não como vítimas indefesas). *The Fletcher Journal of International Development* 18, 19-30

Doyle, W., Srivastava, A., Crawford, M. A., Bhatti, R., Brooke, Z., e Costeloe, K. L. (2001) 'Inter-Pregnancy Folate and Iron Status of Women in an Inner-City Population'. *The British Journal of Nutrition* 86 (1), 81-87

Doyle, W., Crawford, M. A., Laurance, B. M., e Drury, P. (1982) 'Dietary Survey during Pregnancy in a Low Socio-Economic Group'. *Human Nutrition: Applied Nutrition* 36 (2), 95106

Eriksson, J., Lindstrom, J., e Tuomilehto, J. (2001) "Potential for the Prevention of Type 2 Diabetes". *British Medical Bulletin* 60 (1), 183-199

ESCWA (2009) *Trends and Impacts in Conflict Settings: The Socio-Economic Impact of Conflict-Driven Displacement in the ESCWA Region (O impacto socioeconómico das deslocações causadas por conflitos na região da ESCWA).* Nova Iorque: Nações Unidas

Comissão Europeia (2015) *Líbano: Crise na Síria - Ficha informativa do Ecos.* Lebanon: Comissão Europeia

Comissão Europeia (2013) *Addresiing Undernutrition in Emergencies.* Bruxelas: Comissão Europeia

Autoridade Europeia para a Segurança dos Alimentos (2014) *Scientific Opinion on the Essential Composition of Infant and Follow-on Formulae.* Itália: Autoridade Europeia para a Segurança dos Alimentos

Fall, C. H., Borja, J. B., Osmond, C., Richter, L., Bhargava, S. K., Martorell, R., Stein, A. D., Barros, F. C., e Victora, C. G. (2011) 'Infant-Feeding Patterns and Cardiovascular Risk Factors in in in Young Adulthood: Data from Five Cohorts in Low and Middle-Income Countries'. *Jornal Internacional de Epidemiologia* 40 (1), 47-62

FAO (2003) *Food Security: Concepts and Measurements* [em linha] disponível em< http://www.fao.org/docrep/005/y4671e/y4671e06.htm> [8 de janeiro de 2015]

FAO, OMS e UNU (1985) *Report of a Joint Expert Consultation: Energy and Protein Requirements.* Genebra: Organização Mundial de Saúde

Feuilherade, P. (2012) "Refugee Tides Surge Across Arab World" [Marés de Refugiados Surgem no Mundo Árabe*]. Médio Oriente* 429, 30-32

Frankel, F., Elwood, P., Smith, G. D., Sweetnam, P., e Yarnell, J. (1996) 'Birthweight, BodyMass Index in Middle Age, and Incident Coronary Heart Disease'. *The Lancet* 349 (9040), 1478-1480

Gliner, J. A., Morgan, G. A., e Leech, N. L. (2009) *Research Methods in Applied Settings: An Integrated Approach to Design and Analysis.* 2ª ed.. Nova Iorque: Taylor and Francis Group

Goodwin-Gill, G. S. e McAdam, J. (2007) *The Refugee in International Law.* 3ª ed.. Nova Iorque: Oxford University Press

Gospodinov, E. (2008) 'Food Security and Nutrition in Emergency'. in *The Johns Hopkins and Red Cross Red Crescent: Public Health Guide in Emergencies.* ed. por AnonSwitzerland: The Johns Hopkins and the International Federation of Red Cross and Red Crescent Societies, 442-485

Gunnell, D. J., Davey-Smith, G., Frankel, S., Nanchahal, K., Braddon, F. E., Pemberton, J., e Peters, T. J. (1998) 'Childhood Leg Length and Adult Mortality: Follow Up of the Carnegie

(Boyd Orr) Survey of Diet and Health in Pre-War Britain". *Journal of Epidemiology and Community Health* 52 (3), 142-152
Guterres, A. (2011) *A Convenção de 1951 relativa ao Estatuto dos Refugiados e o seu Protocolo de 1967.* Suíça: ACNUR
Hamza, O. (2014) *Joint Nutrition Assessment Syrian Refugees in Lebanon (Avaliação conjunta da nutrição dos refugiados sírios no Líbano*). Líbano: Fundo das Nações Unidas para a Infância
Hennink, M. M., Hutter, I., e Bailey, A. (2011) *Qualitative Research Methods.* 1st edn. Los Angeles: SAGE
Human Rights Watch (2012) *Relatório Mundial 2012.* Estados Unidos da América: Human Rights Watch
Hyndman, J. (2011) 'A Refugee Camp Conundrum: Geopolitics, Liberal Democracy, and Protracted Refugee Situations'. *Refúgio* 28 (2), 7-15
Comité Internacional da Cruz Vermelha (n.d.) *Direito Internacional Humanitário Consuetudinário: Prática Relativa à Regra 54. Ataques contra Objectos Indispensáveis à Sobrevivência da População Civil* [em linha] disponível em< https://www.icrc.org/customary- ihl/eng/docs/v2 rul rule54> [9 de junho de 2015]
Gabinete Regional da Organização Internacional do Trabalho para os Estados Árabes (2013) *Assessment of the Impact of Syrian Refugees in Lebanon and their Employment Profile.* Beirute, Líbano: Organização Internacional do Trabalho (OIT)
Comité Internacional de Resgate (2013) *Reaching the Breaking Point: An IRC Briefing Note on Syrian Refugees in Lebanon [Nota informativa do IRC sobre os refugiados sírios no Líbano*]. Líbano: Comité Internacional de Resgate
Comité Internacional de Resgate e Save the Children (2012) *Livelihoods Assessment: Syrian Refugees in Lebanon (Refugiados sírios no Líbano).* Lebanon: ACNUR
Jackson, A. A. (2002) 'Nutrients, Growth, and the Development of Programmed Metabolic Function'. *Avanços em Medicina Experimental e Biologia* 478, 41-55
Jacquette, D. (2002) *Ontology.* Hoboken: Taylor and Francis
Jahoor, F., Badaloo, A., Reid, M., e Forrester, T. (2008) 'Protein Metabolism in Severe Childhood Malnutrition'. *Anais de Pediatria Tropical* 28 (2), 87-101
Jastram, K. e Achiron, M. (2001) *Refugee Protection: A Guide to International Refugee Law.* Genebra: União Interparlamentar
Jones, G., Steketee, R. W., Black, R. E., Bhutta, Z. A., e Morris, S. S. (2003) "How Many Children Deaths can we Prevent this Year? *Lancet* 362 (9377), 65-71
Jupp, V. e Sapsford, R. J. (2006) *Data Collection and Analysis.* 2nd edn. Londres: London: Sage em associação com a Open University
Kamel Dorai, M. (2014) "Estado, migração e tecido das fronteiras no Médio Oriente". *Frontera Norte* 26 (3), 119-139
Katona, P. e Katona-Apte, J. (2008) "The Interaction between Nutrition and Infection". *Clinical Practice* 46 (10), 1582-1588
Kimani-Murage, E. W., Schofield, L., Wekesah, F., Mohamed, S., Mberu, B., Ettarh, R., Egondi, T., Kyobutungi, C., e Ezeh, A. (2014) 'Vulnerability to Food Insecurity in Urban Slums: Experiências de Nairobi, Quénia". *Jornal de Saúde Urbana* 91 (6), 1098-1113
Knox-Macaulay, H. H. (1992) "Tuberculosis and Haemopoietic System". *Bailliere's Clinical Haematology* 5 (1), 101-129
Kramer, M. S., Aboud, F., Mironova, E., Vanilovich, I., Platt, R. W., Matush, L., Igumnov, S., Fombonne, E., Bogdanovich, N., Ducruet, T., Collet, J. P., Chalmers, B., Hodnett, E., Davidovsky, S., Skugarevsky, O., Trofimovich, O., Kozlov, L., e Shapiro, S. (2008) 'Breastfeeding and Child Cognitive Development: New Evidence from a Large Randomized Trial" (Novas evidências de um grande ensaio aleatório*). Archives of General Psychiatry* 65 (5), 578-584
Loescher, G., Milner, J., Newman, E., e Troeller, G. G. (2008) *Protracted Refugee Situations: Political, Human Rights and Security Implications.* Tóquio: United Nations University Press

Loewenberg, S. (2011) "Humanitarian ResponseInadequate in Horn of Africa Crisis" [Resposta humanitária inadequada à crise no Corno de África]. *The Lancet* 378 (9791), 555-558
Loue, S. (2000) *Textbook of Research Ethics Theory and Practice.* 1st edn. Hingman, EUA: Kluwer Academic Publishers
Madrigal, D. e McClain, B. (2012) *Strengths and Weaknesses of Quantitative and Qualitative Research* [em linha] disponível em< http://www.uxmatters.com/mt/archives/2012/09/strengths- and-weaknesses-of-quantitative-and-qualitative-research.php> [21 de junho de 2015]
Mann, S. L., Wadsworth, M. E., e Colley, J. R. (1992) 'Accumulation of Factors Influencing Respiratory Illness in Members of a National Birth Cohort and their Offspring'. *Journal of Epidemiology and Community Health* 46, 286-292
Maxwell, D., Caldwell, R., e Langworthy, M. (2008) 'Measuring Food Insecurity: Can an Indicator Based on Localized Coping Behaviors be used to Compare Across Contexts? *Política Alimentar* 33 (6), 533-540
McGinnis, J. M. e Foege W.H (1993) 'Atual Causes of Death in the United States'. *The Journal of the American Medical Association* 270 (18), 2207-2212
Menendez, C., Fleming, A. F., e Alonso, P. L. (2000) 'Malaria-Related Anaemia'. *Parasitol Today* 16 (11), 469-476
Moriarty, J. (2011) *Qualitative Methods Overview.* Londres: Instituto Nacional de Investigação em Saúde
Mowafi, H. (2011) 'Conflict, Displacement and Health in the Middle East' (Conflito, Deslocação e Saúde no Médio Oriente). *Saúde Pública Global* 6 (5), 472-487
Muller, O. e Krawinkel, M. (2005) "Malnutrition and Health in Developing Countries". *Jornal da Associação Médica Canadiana* 173 (3), 279-286
Musani, A. e Shaikh, I. A. (2008) "The Humanitarian Consequences and Actions in the Eastern Mediterranean Region Over the Last 60 Years - a Health Perspective". *Jornal de Saúde do Mediterrâneo Oriental* 14, 150-156
Conselho Nacional de Investigação (1989) *Diet and Health: Implications for Reducing Chronic Disease Risk.* Washington: National Academy Press
Naufal, H. (2011) *La Situation Des Refugies Et Travailleurs Syriens Au Liban Suite Aux Soulevements Populaire En Syrie*. Itália: Instituto Universitário Europeu
Conselho Norueguês para os Refugiados (2014a) *Syria Refugee Response* [em linha] disponível em< http://www.nrc.no/arch/img.aspx?file id=9180552> [9 de junho de 2015]
Conselho Norueguês para os *Refugiados* (2014b) *The Consequences of Limited Legal Status for Syrian Refugees in Lebanon.* Lebanon: Conselho Norueguês para os Refugiados
Conselho Norueguês para os Refugiados (2014c) *A Precarious Existence: The Shelter Situation of Refugees from Syria in Neighbouring Countries [A situação de abrigo dos refugiados da Síria nos países vizinhos].* Lebanon: Conselho Norueguês para os Refugiados
Oates, J., Kwiatkowski, R., e Coulthard, L. M. (2010) *Code of Human Research Ethics.* Leicester: The British Psychological Society
OHCHR (1990) *Convenção sobre os Direitos da Criança:* O Gabinete do Alto Comissariado das Nações Unidas para os Direitos Humanos
Olack, B., Burke, H., Cosmas, L., Bamrah, S., Dooling, K., Feikin, D. R., Talley, L. E., e Breiman, L. F. (2011) 'Nutritional Status of Under-Five Children Living in an Informal Urban Settlement in Nairobi, Kenya'. *Jornal de Saúde, População e Nutrição* 29 (4), 357-363
Orhan, O. (2014) *The Situation of Syrian Refugees in Neighbouring Countries: Findings, Conclusions and Recommendations.* Ankara, Turquia: Centro de Estudos Estratégicos do Médio Oriente (ORSAM)
Patel, R. B. e Burke, T. F. (2009) . *The New England Journal of Medicine* 361, 741-743
Patton, M. Q. (1990) *Qualitative Evaluation and Research Methods.* 2nd edn. Londres: SAGE
Paul, A., Doocy, S., Tappis, H., e Evelyn, S. F. (2014) 'Preventing Malnutrition in Post-Conflict, Food Insecure Settings: Um estudo de caso do Sudão do Sul". *PLoS Currents* 6 (1), 1-19

Phiri, K. S., Calis, J. C., Faragher, B., Nkhoma, E., Ng'oma, K., Mangochi, B., Molyneux, M. E., e 1, v. H., M.B (2008) 'Long Term Outcome of Severe Anaemia in Malawian Children'. *PLoS ONE* 3 (8), 1-11

Pole, C. e Lampard, R. (2002) *Practical Social Imvestigation: Qualitative and Quantitative Methods in Social Research*. Harlow: Prentice Hall

Poppitt, S. D., Prentice, A. M., Goldberg, G. R., e Whitehead, R. G. (1994) 'Energy-Sparing Strategies to Protect Human Fetal Growth'. *American Journal of Obstetrics and Gynaecology* 171 (1), 118-125

Potter, G. (2000) *The Philosophy of Social Science: Novas Perspectivas*. 1st edn. Harlow: Routledge

Prakash, S. (2002) *Nutrition through the Life Cycle*. 1ª ed.. Cambridge: Royal Society of Chemistry

Premiere Urgence (2012a) *Syrian Refugees in Akkar: Assessment Report*. Líbano: Premiere Urgence

Premiere Urgence (2012b) *Relatório de Avaliação Rápida*. Líbano: Premiere Urgence - Aide Medical International

Premiere Urgence (2012c) *Refugiados sírios em Akkar: Relatório de avaliação*. Lebanon: ACNUR

Prentice A.M, Spaaij C.J.K, Goldberg G.R, Poppitt, S., van Raaij, J. M., Totton, M., Swann, D., e Black, A. E. (1996) *Energy Requirements of Pregnant and Lactating Women* [em linha] disponível em< http://archive.unu.edu/unupress/food2/UID01E/UID01E14.HTM> [9 de junho de 2015]

Prentice, A., Paul, A., Prentice, P., Black, A., Cole, T., e Whitehead, R. (1986) 'Cross-Cultural Differences in Lactational Performance'. *Human Lactation 2,* 13-44

Punch, K. (2006) *Developing Effective Research Proposals*. 2nd edn. Londres: SAGE

Punch, K. (2005) *Introduction to Social Research: Quantitative and Qualitative Approaches*. 2nd edn. Londres: SAGE

Quimby, E. (2012) *Doing Qualitative Community Research Lessons for Faculty, Students and the Community (Fazer Investigação Qualitativa na Comunidade: Lições para Docentes, Estudantes e Comunidade)*. Sharjah: Bentham Science Publishers

Rabet, L. M., Vos, A. P., Boehm, G., e Garssen, J. (2008) 'Breast-Feeding and its Role in Early Development of the Immune System in Infants: Consequences for Health Later in Life" [O aleitamento materno e o seu papel no desenvolvimento precoce do sistema imunitário dos bebés: consequências para a saúde numa fase posterior da vida]. *The Journal of Nutrition* 138, 1782-1790

Rainey, V. (2015) *Lebanon: No Formal Refugee Camps for Syrians* [em linha] disponível em< http://www.aljazeera.com/news/2015/03/lebanon-formal-refugee-camps-syrians-150310073219002.html> [30 de junho de 2015]

Rice, A. L., Sacco, L., Hyder, A., e Black, R. E. (2000) 'Malnutrition as an Underlying Cause of Childhood Deaths Associated with Infectious Diseases in Developing Countries'. *Boletim da Organização Mundial de Saúde* 78 (10), 1207-1221

Rogers, I. e Emmett, P. (1998) "Diet during Pregnancy in a Population of Pregnant Women in South West England". *Jornal Europeu de Nutrição Clínica* 52, 246-250

Romero, S. M. (2015) *WFP Experiences of Vulnerability Assessment of Syrian Refugees in Lebanon* [em linha] disponível em< http://www.ennonline.net/fex/48/wfpexperiences> [17 de abril de 2015]

Saunders, M., Lewis, P., e Thornhill, A. (2009) *Research Methods for Business Students*. 5ª ed.. Inglaterra: Pearson Education

Save the Children (2011) *Acute Malnutrition Summary Sheet*. Reino Unido: Save the Children

Simon, M. K. e Goes, J. (2011) *Dissertation and Scholarly Research: Recipes for Success*. 3ª ed.. Seattle: CreateSpace Independent Publishing

Simpore, J., Kabore, F., Zongo, F., Dansou, D., Bere, A., Pignatelli, S., Biondi, D. M., Ruberto, G., e Musumeci, S. (2006) 'Nutrition Rehabilitation of Undernourished Children Utilizing Spiruline and Misola'. *Revista de Nutrição* 5 (3), 1-7

Cenários do SNAP (2014)*: Para onde vai agora o Líbano?* Líbano: ReliefWeb

Sofaer, S. (1999) 'Qualitative Methods: What are they, and Why use them?". *Investigação sobre Serviços de Saúde* 34 (5), 1101-1118

Solidarites International (2013) *Avaliação rápida das necessidades no Norte do Líbano: Distritos de Minieh-Denneih e Zgharta.* Líbano: Equipa de Emergência da Solidarites International

Spiegel, P. e Ginger, G. (2014) 'Refugees and Health: Lessons from World War I" [Lições da Primeira Guerra Mundial]. *The Lancet* 384 (9955), 1644-1646

Taylor, G. R. (2000) *Integrating Quantitative and Qualitative Methods in Research.* Oxford: University Press of America

Manual do Projeto Sphere (2011) *Apêndice 4: Medição da desnutrição aguda* [em linha] disponível em< http://www.spherehandbook.org/en/appendix-4/> [30 de junho de 2015]

Tucker, M. L., Powell, K. S., e Meyer, G. D. (1995) 'Qualitative Research in Business Communication: A Review and Analysis'. *International Journal of Business Communication* 32 (4), 383-399

PNUA (2007) *Lebanon: Post-Conflict Environmental Assessment (Avaliação ambiental pós-conflito).* Lebanon: Programa das Nações Unidas para o Ambiente

ACNUR (2015a) *Syrian Refugees in the Region 2015* [em linha] disponível em< http://data.unhcr.org/syrianrefugees/regional.php> [9 de junho de 2015]

ACNUR (2015b) *Resposta Regional aos Refugiados na Síria: Portal de partilha de informações entre agências* [em linha] disponível em< http://data.unhcr.org/syrianrefugees/country.php7idM22> [6 de agosto de 2015 2015]

ACNUR (2014) *Relatório trimestral de monitorização e avaliação: Updates and Results from PostDistribution Monitoring Activities and Key Process Monitoring Findings:* O Alto Comissariado das Nações Unidas para os Refugiados

ACNUR (2013a) *War's Human Cost: Global Trends 2013.* Genebra, Suíça: ACNUR

ACNUR (2013b) *Two Million Syrians are Refugees* [em linha] disponível em< http://www.unhcr.org/522484fc9.html> [9 de junho de 2015]

ACNUR, PAM, SP, CARE, MSF-F e NP (2013) *Campos de Refugiados do Estado de Unity: Sudão do Sul.* Sudão: Alto Comissariado das Nações Unidas para os Refugiados

ACNUR (2012a) *UNHCR Country Operations Profile: Lebanon* [em linha] disponível em< http://www.unhcr.org/pages/49e486676.html> [30 de junho de 2015]

ACNUR (2012b) *Plano de Resposta Regional para a Síria.* Genebra: Nações Unidas

ACNUR (2011) *UNHCR Operational Guidance on the use of Special Nutritional Products to Reduce Micronutrient Deficiencies and Malnutrition in Refugee Populations (Orientação Operacional do ACNUR sobre a utilização de Produtos Nutricionais Especiais para Reduzir as Deficiências de Micronutrientes e a Malnutrição nas Populações Refugiadas*). Genebra: Alto Comissariado das Nações Unidas para os Refugiados

ACNUR, ENN, IRC, GIZ, MSF-CH, ADEO, PAM e UNICEF (2011) *Inquéritos sobre nutrição: Campos de Refugiados de Dadaab.* Quénia: Alto Comissariado das Nações Unidas para os Refugiados

ACNUR e PAM (2011) *Guidelines for Selective Feeding: The Management of Malnutrition in Emergencies.* Genebra: ACNUR

ACNUR (2005) *Relatório do Comité Executivo do Programa do Alto Comissariado das Nações Unidas para os Refugiados: Fifty-Sixth Session.* Nova Iorque: Organização Internacional para as Migrações

ACNUR (1996) *Statute of the Office of the United Nations High Commissioner for Refugees* [online] disponível em< http://www.unhcr.org/4d944e589.pdf> [9 de junho de 2015]

UNICEF (2014) *UNICEF Warns of Silent Threat of Malnutrition in Syrian Refugee Children* [em linha] disponível em< http://www.unicef.ie/NewsMedia/UNICEF-warns-of-silent-threat-of-malnutrition-in-Syrian-refugee-children-72-467.aspx> [17 de abril de 2015]

UNICEF (2013) *Melhorar a nutrição infantil: The Achievable Imperative for Global Progress.* Nova Iorque: Fundo das Nações Unidas para a Infância

UNICEF, PAM, OMS e ACF (2013) *Avaliação Inter-Agências: Syrian Refugees in Lebanon.* Lebanon: UNICEF

UNICEF (2009) *Tracking Progress on Child and Maternal Nutrition: A Survival and Development Priority (Uma Prioridade de Sobrevivência e Desenvolvimento).* Nova Iorque: Fundo das Nações Unidas para a Infância

UNICEF (2006) *Malnutrition Definition* [em linha] disponível em< http://www.unicef.org/progressforchildren/2006n4/malnutritiondefinition.html> [9 de junho de 2015]

Nações Unidas (2013a) *Plano de Resposta Regional para a Síria:* Alto Comissariado das Nações Unidas para os Refugiados (ACNUR)

Nações Unidas (2013b) *Legal Status of Individuals Fleeing Syria* [em linha] disponível em< http://reliefweb.int/sites/reliefweb.int/files/resources/legal status of individuals fleeing syria.pdf> [10 de agosto de 2015]

Nações Unidas (2009) *Funding Shortfall for United Nations Palestine Refugee Agency Risks Suspension of Essential Services before End of Year, Agency Head Tells Fourth Committee* [em linha] disponível em< http://www.un.org/press/en/2009/gaspd441.doc.htm> [9 de junho de 2015]

Nações Unidas (1999) *Humanitarian Assistance and Assistance to Refugees* [em linha] disponível em< http://www.un.org/ha/general.htm> [9 de junho de 2015 2015]

Programa das Nações Unidas para os Assentamentos Humanos (2006) *State of the World's Cities 2006/7.* Nairobi: Programa das Nações Unidas para os Assentamentos Humanos

Programa das Nações Unidas para os Assentamentos Humanos (2003) *The Challenge of Slums: Global Report on Human Settlements.* Nairobi: Programa das Nações Unidas para os Assentamentos Humanos

UNRWA (2006) *The United Nations and Palestinian Refugees (As Nações Unidas e os Refugiados Palestinianos):* Agência das Nações Unidas de Assistência aos Refugiados da Palestina no Próximo Oriente

UNSCN e IFPRI (2000) *4º Relatório - a Situação Mundial da Nutrição: Nutrição ao longo do ciclo de vida.* Genebra: Sub-Comité das Nações Unidas para a Nutrição

van Vliet, S. e Hourani, G. (2012) *Refugees of the Arab Spring [Refugiados da primavera Árabe].* Cairo: Universidade Americana do Cairo

Villamor, E. e Fawzi, W. W. (2000) 'Vitamin A Supplementation: Implications for Morbidity and Mortality in Children". *The Journal of Infectious Diseases* 182 (1), 122-133

Walker, R. (1985) *Applied Qualitative Research.* Aldershot: Gower

Wellington, J. e Szczerbinski, M. (2007) *Research Methods for the Social Sciences.* Londres: Continuum International Publishing

PAM (2015a) *Líbano: Folha informativa sobre a resposta à crise na Síria.* Lebanon: Programa Alimentar Mundial

PAM (2015b) *PAM Líbano: Relatório de Situação.* Lebanon: Programa Alimentar Mundial

PAM (2013 a) *Syrian Refugees and Food Insecurity in Lebanon: Secondary Literature and Data Desk Review.* Lebanon: Programa Alimentar Mundial

PAM (2013b) *Syrian Refugees and Food Insecurity in Iraq, Jordan and Turkey: Secondary Literature and Data Desk Review.* Syria: Programa Alimentar Mundial

PAM e ACNUR (2013) *Joint Assessment Missions: Um Guia Prático de Planeamento e Implementação*: ACNUR

PAM, UNICEF e ACNUR (2013) *Vulnerability Assessment of Syrian Refugees in Lebanon (Avaliação da vulnerabilidade dos refugiados sírios no Líbano).* Lebanon: Programa Alimentar Mundial

OMS (2011) *Estratégia global para a alimentação de lactentes e crianças jovens.* Genebra: Organização Mundial de Saúde

OMS e UNICEF (2009) *WHO Child Growth Standards and the Identification of Severe Acute Malnutrition in Infants and Children (Padrões de crescimento infantil da OMS e identificação de desnutrição aguda grave em bebés e crianças*): Organização Mundial de Saúde

OMS (2007) *Community-Based Management of Severe Acute Malnutrition.* Suíça: Organização Mundial de Saúde

OMS (2006) *Child Growth Standards: Weight-for-Height* [em linha] disponível em< http://www.who.int/childgrowth/standards/weight for height/en/> [30 de junho de 2015]

OMS (2005) *Worlwide Prevalence of Anaemia 1993-2005.* Genebra: Organização Mundial de Saúde

OMS, UNICEF e Universidade das Nações Unidas (2001) *Iron Deficiency Anaemia Assessment, Prevention and Control: A Guide for Programme Managers.* Genebra: Organização Mundial de Saúde

OMS (2000a) *The Management of Nutrition in Major Emergencies.* Genebra: Organização Mundial de Saúde

OMS (2000b) *The Management of Nutrition in Major Emergencies.* Genebra: Organização Mundial de Saúde

OMS (1999) *Management of Severe Malnutrition: A Manual for Physicians and Other Senior Health Workers.* Genebra: Organização Mundial de Saúde

OMS (1995) *Physical Status: The use and Interpretation of Anthropometry.* Suíça: Organização Mundial de Saúde

Wolcott, H. F. (1992) 'Posturing in Qualitative Research'. in *The Handbook of Qualitative Research in Education.* ed. por LeCompte, M. D., Millroy, W. L., e Preissle, J. San Diego: Academic Press, 3-52

Programa Alimentar Mundial (2005) *Choosing Methods and Tools for Data Collection: Monitoring and Evaluation Guidelines.* Rome: Programa Alimentar Mundial das Nações Unidas: Gabinete de Avaliação e Monitorização

Yin, R. K. (1984) *Case Study Research: Design and Methods.* 3rd edn. Newbury Park, Califórnia: Sage

Printed by Books on Demand GmbH, Norderstedt / Germany